励志金宝典

高兴宇 编著

每周一节成功课

中州古籍出版社

图书在版编目(CIP)数据

每周一节成功课 / 高兴宇编著. —郑州：中州古籍出版社, 2014. 6

ISBN 978-7-5348-4355-6

Ⅰ. ①每… Ⅱ. ①高… Ⅲ. ①成功心理–通俗读物 Ⅳ. ①B848.4-49

中国版本图书馆 CIP 数据核字（2013）第 166303 号

出 版 社：中州古籍出版社

（地址：郑州市经五路 66 号　邮政编码：450002）

发行单位：新华书店

承印单位：北京柏玉景印刷制品有限公司

开　　本：710mm × 1000mm　1/16　　**印　　张**：12

字　　数：152 千字

版　　次：2014 年 7 月第 1 版

印　　次：2014 年 7 月第 1 次印刷

定　　价：28. 80 元

前言

古今中外，被幸运女神垂青的人比比皆是。他们为什么会获得成功？

细细分析起来，我们会发现，这些获得成功的人，绝大多数拥有细微而又优良的美德、鲜明而又优秀的性格、聪颖并且清晰的头脑、积极加上有效的沟通，善于捕捉和抓住机遇。他们往往具备一样或多样如下特点：正直、友善、团结、奉献、尊重、坚强、勤奋、忠诚、勇敢、热情、锲而不舍、眼光独具、另辟蹊径、未雨绸缪、满怀期望、抢抓机遇、衷心赞美、诚实守信、眼光放远、正视他人……这些美丽的词汇，就像一条条“成功线”，而一条条“成功线”交织起来，就成为一张“成功网”。撑开这张“成功网”，就能逮住成功。一言以蔽之，要想捕捉成功，就应该努力去培养美好的品德、塑造优良的性格、拥有智慧的思考、进行有效的沟通和抓住身边的机遇，这或许就是成功的密码。

随着物质生活条件的不断改善，人们越来越关心自己如何与成功结缘。每个人都希望梦想成真，但让我们感到迷茫的是，现实生活中并不都是一帆风顺的，很多人都在努力着、奋斗着，却迟迟打不开成功之门。这是为什么？毋庸置疑，是因为他们没有织出一张有效的“成功网”。我们中有一些人资质很好，完全有可能在某一领域取得好成绩，但由于缺乏良好的人品、性格、思维、沟通和对待机遇的做法，从而没有使自己的资质得到充分发挥，把本该属于自己的一方明媚蓝天变得晦暗而狭小。这些人要想获得成功，就应该在“成功网”上下功夫。品德、性格、思维、沟通、机遇方面的积极因素越多，“成功网”上的“成功线”也就越多，这样就大大增加了成功的机会。即使一时没有成功也不要紧，因为成功迟早会来，只要你有一张有效的“成功网”。

人生之路怎么样，直接受个人的品德所左右。有什么样的品德，就有什么样的人生，也就有什么样的成功。美好的品德无疑是上佳的“酵母”，使人更具魅力、竞争力，从而让人飞黄腾达；恶劣的德行则是可怕的“隔离带”，使人与幸福生活越来越远。修炼美好的人品，对获取成功、行走漫漫人生路十分重要。一个总是欺骗、憎恨和恶毒的人是不可能幸运的。别人被愚弄了一次之后，就不再信任这个人，当然也不会愿意和这个人交往，自然也不可能给这个人带来成功。没有人愿意帮助一个骗子、一个惯于撒谎的人、一个行事不端的人。总而言之，如果你渴望成功降临，就要好好培养自己的品德，并且能以这些道德标准来校正自己的行为。

在现代社会里，性格的决定作用日益彰显。什么样的性格就会成就什么样的人生。同样的起点，不同的性格会让人生之路完全不同。优良的性格品质是获取成功最积极的因素，而不良的性格则是一种破坏性力量。古希腊哲人赫拉克利特说：“一个人的性格就是他的命运。”当然在人生的道路上，会有很多机遇或者坎坷，这不是性格所能决定的，但好的性格却会让荆棘变鲜花，让沙漠变绿洲，让芬芳更加浓郁，让幸福更加悠远。性格不完全是天生的，更多是后天塑造的，我们的性格也是可以改变的。掌握了自己的性格，也就在某种程度上掌握了自己的命运。

外国有句谚语：“一天的好好思考，胜过一周的蛮干徒劳。”积极思考是一种健康的人生态度。即使在弱势情况下，积极思考也能够让我们寻求最好的、最有利的庇护。积极思考，就会获取智慧。有了智慧，就有了一把开启成功之门的钥匙。智慧改写命运。“王侯将相，宁有种乎?”一切都是事在人为！在这个瞬息万变的新时代，任其波涛汹涌，只要有敏锐的眼光和睿智的头脑，人生航船就能到达成功彼岸。

沟通是连接成功的桥梁。比如说，一个找到如意郎君的女孩，可能会把她的女友介绍给先生的男友；一个工作如意的人，可能会把他所在单位扩充人员的好消息告诉未有工作的邻居；一个拼搏进取的人因为他的人缘好，会获得各方面的帮助，从而让事业倍道而行。沟通，是人品、性格、思维的实际运用和淋漓发挥；沟通，是成功的实现途径和有力保障。

机遇有大的、有小的，有显眼的、有隐藏的，有些人捕获了，取得了影响一生的成就，而同处于机遇包围之下的许多人却让机遇一次次地从身边溜走。认识机遇、抓住机遇对一个人来说，尤其重要。聪明人总是沿着大路行走，在变动不已的大千世界里四处寻找可以转化为运气的东西。这东西就是机遇。如果找不到，他们就去创造机遇。机遇总是喜欢和有准备、有头脑、善于创造的智者握手。只要我们随时准备捕捉生活中的机遇，就会大大增强成功的机会。

成功是人生追求的目的。“种瓜得瓜，种豆得豆。”美好的品德、优良的性格是吸引成功的磁石；智慧的思考、有效的沟通以及善抓机遇则是通往成功的捷径。如何获取成功，让我们去慢慢品味吧。

目　录

第1节

成功密码

——1:125与塞斯成功

塞斯是美国马萨诸塞州斯普林菲尔德市的一名出色推销员，凭着高超的推销技艺，叩开了无数经销商森严壁垒的大门，被誉为“金球推销员”。所谓“金球”，并非借鉴电影界的“金球奖”，而是因为篮球运动是由塞斯所在城市普林菲尔德基督教青年会训练学校的体育教师奈史密斯博士发明的。篮球诞生100多年来，靠其趣味性、健身价值和教育理念，风靡世界各大洲。塞斯获得“金球”美誉，当是无上光荣的。细心人也许会问：塞斯为什么会如此成功?

话说某一天，塞斯路过一家商场。像往常一样，他进门后先和售货员一番寒暄。这在塞斯看来非常重要，因为通过闲聊可以了解到商场的经营状况、人员信息和发展目标，这样就可以有备无患地与商场经理洽谈。

售货员告诉塞斯，这家商场地处黄金宝地，每天顾客络绎不绝，自商场建立50多年来，从未亏损过。塞斯非常兴奋，他觉得他能把自己的产品推销给他们，因为这家商场各项条件都不错。

当塞斯见到商场经理路易斯，向其说明来意后，路易斯一口拒绝。他直言不讳地说：“如果进了你的货，我们会亏损的。”塞斯岂肯罢休，他动用了各种技艺试图说服路易斯，但任凭磨破嘴皮都无济于事，塞斯只好十分沮丧地离开了。

在返回的路上，塞斯想：路易斯为什么会拒绝？自己的产品是适合他们的，路易斯没有拒绝的理由。刚才路易斯态度强硬，或许是他一时心情不好，或许是因为上门推销的人员太多，或许自己的话路易斯没有听进去。塞斯觉得有必要向路易斯继续推销，他驾着车在街上溜达了几圈后便重返商场。当他走到商场经理办公室时，路易斯满面堆笑地迎上前，不等塞斯多说，路易斯立刻决定订购一批产品。

山重水复疑无路，柳暗花明又一村。这喜讯来得太突然了。塞斯问路易斯为什么现在同意而一小时之前拒绝呢？路易斯笑嘻嘻地道出了原由。他告诉塞斯，由于商场红红火火，每天前来推销的人员很多，并且每个人都说得冠冕堂皇。对待这些推销人员，路易斯就是一句简单的拒绝之语。说完这些，路易斯数了数桌上各个推销员送来的名片，然后笑容满面地说："加上你的名片，一共126，这就是今年以来向我推销的人数。"

塞斯也笑了。他再三感谢，打算起身告辞时，路易斯说："忘了告诉你，这126人当中，只有你一人在被我拒绝后又重新回到商场来。或许你的坚持感染了我，但我断定，你推销的产品肯定是物美价廉、产销对路的，要不然你没有返回继续推销的气魄。"

在126人中，125人放弃，1人返回继续推销。这个比例，或许就是塞斯成功的密码。

其实，自信与坚持努力是塞斯成功的真正密码。在自信的前提下，坚持努力是多么的重要。

大哲学家苏格拉底有一天给他的学生上课。他说："同学们，我们今天不讲哲学，只要求大家做一个简单的动作，把手往前摆动300下，然后再往后摆动300下，看看谁能每天坚持。"过了几天，苏格拉底上课时，他请坚持下来的同学举手，结果，90%以上的人举起了手。过了一个月，他又要求坚持下来的同学举手，只有70%多的人举手。过了一年，他又同样要求，结果只有一个人举手，这个人就是后来也成为了大哲学家的柏拉图。此时的柏拉图很年轻，在学识上与后来的哲学家柏拉图相比仍显稚嫩，但已表现出一个杰出人物所具有的坚持努力的优秀心理素质。

坚持努力是取得成功的必备素质。它犹如一条红线，贯穿了始终，是长久不变的意志表现。“骐骥一跃，不能十步；驽马十驾，功在不舍。锲而舍之，朽木不折；锲而不舍，金石可镂！”这段话充分说明了一个人如果有恒心，一些困难的事情便可以做到；没有恒心，再简单的事也做不成。

天文学家哥白尼提出日心说，但受到教会等顽固力量的迫害，屡遭威胁，但当他一脱离教会的魔爪，仍执着地说：“地球在转。”他的学说最终也被世人所接受。他的坚持，让他在天文史上留下了光辉的一页。

著名数学家华罗庚自幼家贫，初中毕业后，因交不起学费而辍学在家，帮父亲料理小杂货店，但他并未因此放弃学习，反而更加认真求学。在他的柜台上，一边放着账册、算盘，一边放着数学书籍。他差不多每天花 10 个小时钻研数学，并陆续发表了几篇论文，终于得到了清华大学熊庆来教授的重视，最终获得在数学领域上的成功。

雅典奥运会柔道冠军冼东妹，自幼体质不好，她母亲曾想让她中途放弃，但她仍坚持了下来。在左腿十字韧带断裂、关节坏死、髌骨植入三根钢板的情况下，她还努力坚持训练。最终，她获得世界冠军。坚持努力，总能获得成功。

如果没有破茧时的坚持，又怎有化蝶时的惊艳；如果没有攀登时的坚持，就没有登上峰顶一览众山小的豪情。“守得云开见月明！”再坚持一下，再努力一下，再前进一下，也许，成功离你只有一步之遥。哪怕只有百分之一的希望，我们也要付出百分之百的努力。

第 2 节

361 度的努力

——奇迹源于那超出的 1 度

围绕一个圆旋转一周，就是 360 度。在工作中，360 度寓意是全方位；在生活中，360 度代表的是十全十美。人类工作生活规律往往就是那样奇怪，在这“完整的一圈”内，往往收获平平；当超出“一圈”，达到 361 度时，奇迹就可能产生。历史上“北京人”头盖骨的发现，就能典型地说明这一点。

20 世纪的 20 年代，人类重新认识自己的起源，是从中国的周口店开始的。在中外专家初步发掘的基础上，1929 年，大规模发掘工作由 25 岁的北京大学毕业生裴文中接手负责。年轻的裴文中和技工们一起，把坚硬的岩石层一点一点地挖开，大量的古代动物化石不断地展现在人们面前。该年 11 月底，从北平传来通知，由于天气的原因，停止发掘。按说此时，裴文中领导的发掘队就应停止工作进行休整，宣告该年的发掘工作结束，实现 360 度了。可此时裴文中还不想收工，他决定冒着严寒再做一次尝试。

1929 年 12 月 2 日下午 4 点，发掘化石的工作正在紧张地进行。在巨大的洞口深处，技工们挖掘的部位到了窄无可窄的地方。忽然人们发现，向南方向，有一段伸展的空隙，难道在这里还会有一个洞口吗？技工们仔细察看，果然是一个洞口。裴文中闻讯后，立即找来绳子系在自己的腰间，艰难地下到洞底，顺着昏暗的灯光慢慢前行，忽然裴文中看见一个暴露在外的扁圆形东西，仔细观察不由得惊叫出来：“是头骨!”他用撬棍撬了一下，头骨蹦出了土层。从破碎的部分来看，这个猿人头骨比现代人的头骨要厚得多。这一刻，可以说是人类异常激动人心的一刻，远古的“北京人”穿越历史的风尘，终于重现人间。

裴文中将头盖骨带回北平，权威人士仔细观察后确认，是猿人头骨。20 多天后，头盖骨标本被修复出来。这块约 50 万年前的“北京人”头盖骨证明了中亚是人类的发祥地。消息一经公布，很快成为全球学术界爆炸性新闻。由于当时人骨化石极其稀少，这一发现被国外学术界赞同进化论的科学家们誉为古人类研究史中最为动人的发现。

裴文中 361 度的作为，奠定了他在“北京人”化石发现史上的地位。裴文中的努力，之所以会超出 360 度，来源于他的敬业和执着。人世间，绝大多数人可能做不出惊天动地的伟业，但可以在一生中做出许许多多有益的贡献。其实，大事也好，小事也罢，奇迹的产生往往就是源于那超出的 1 度。

一个人的失败，是因为他比别人少了“1 度”，而一个人的成功是因为他比别人多了“1 度”。命运非常公平，谁付出的努力多，谁就会成功，哪怕只是多那么“1 度”。

卡洛是世界著名的投资专家。他最初为杜兰特工作时，职务很低，可是很快成为杜兰特下属一家公司的总裁。他对自己能如此快速地升迁，说了这样一席话：“刚来工作时，我就注意到，每天下班后，所有的人都回家了，杜兰特先生仍然会留在办公室里继续工作，因此，我决定下班后也留在办公室里。没有人要求我这样做，但我认为自己应该留下来，在需要时为杜兰特先生提供一点帮助。若说我升职有什么秘密，那秘密就在于每天多干一点点。”就是这个多干的“1 度”，让卡洛多了一份机遇、多了一份青睐。

1971 年底，解放军某部在长沙一个小山坡建造地下医院。施工中，经常遇到塌方。用钢钎进行钻探时，从钻孔里冒出了呛人的气体，有人用火去点，瞬时便成了一道神秘的蓝色火焰，这火焰让人感到恐惧和不解。最先接到消息的考古学家马上意识到，人们遇到的是一座古代墓葬。

1972 年 1 月，考古队正式对神秘的墓葬进行科学挖掘。当人们怀着期待的心情工作时，发现了一个圆形的盗洞，笔直地朝着墓葬的下方插去，一直延伸了 17 米。再往下，人们挖到了一种黏糊糊的泥土，它的俗名叫白膏泥，常常用来保护墓葬，具有很好的封闭性。挖出白膏泥，人们看到墓坑的底部摆放着 4 米多长、1.5 米高的椁室，如此罕见的巨大椁室让经验丰富的考古学家感到惊讶。

就在这个墓葬挖掘过程中，忽然发现南侧冒出了气体，这多少让人感到意外，看来很可能还有另一座神秘的墓葬。当时，一个工作人员拿个锄头用力一刨，结果里边的木炭"哗"地一下流出来了，往里面一看，好家伙，又一个大棺材！当考古队对它挖掘时发现只有木炭没有白膏泥。

这两个墓葬各有什么价值?

先说说那个有白膏泥的墓葬。揭开椁板，人们发现这是一个丰富的地下宝库：中央是巨大的棺材，四面的边厢里填满了五光十色的珍宝，在淤泥的覆盖下，每件物品都如新的一样。就在考古队员小心翼翼提取文物的时候，不可思议的事情又出现了，在东面边厢的一个漆器里，有一片保存非常完好的藕片。就在人们还来不及思索这些令人费解的谜团时，琳琅满目的文物源源不断地被取出墓坑。在内棺的棺盖上，覆盖着一块"T"形的神秘帛画，这幅长达两米并且完好无损的巨幅帛画是中国考古史上的首次发现。更令人目瞪口呆的还在后面，当揭开裹在外面的丝绸物品后，人们看到了墓主人的面容：她不像一具古尸，毛发尚在，皮肤仍旧是淡黄色的，按下去甚至还有弹性，部分关节能够活动。这不仅是世界考古史上的奇迹，而且也是人类历史上的奇迹。这古尸，就是著名的"马王堆女尸"——西汉长沙国的丞相夫人辛追。埋葬她的小山坡，当地人叫马王堆。

再说说那个没有白膏泥的墓葬。挖掘的结果，证实了人们的担忧，由于封闭不严，墓里已经严重渗水。和辛追墓相比，虽然其中也有不少是稀世之宝，但内棺的情况令人失望，里面只留下了一副骨架。研究证明，他是辛追的儿子、战死的长沙国的武官。

长沙马王堆汉墓的发掘，被世人誉为“20世纪中国与世界最重大的考古发现之一”。人们不禁要问：为什么辛追之尸历经2000多年的时光依然能保持尸身不朽，而辛追之子则按常规只剩骨架呢？直到今天，专家还在不懈地探求这不朽之谜，但没有一种解释能让人完全信服。摆在人们面前的明显原因是，一个有白膏泥，而另一个则没有；有了白膏泥就能保证墓室密封、缺氧，而密封、缺氧则是公认的不朽的主要原因。

马王堆汉墓留给世人的财富很多很多。或许人们忽视了其中的一小点，那就是：奇迹与平凡的差别可能就是多了那么一点东西、少了那么一点东西。

《环球时报》曾报道，美国有一位工人，在一家企业工作了76年，直到他100岁生日那天才光荣退休；他从不迟到早退，请假记录仅1天，那是因为1988年相濡以沫的妻子去世；不幸的是，在他刚退休20多天，就失去了继续生活的“能量”，因心脏衰竭而去世。这个人就是被美国前总统克林顿授予“世纪工人”称号的洛杉矶市民温斯顿。76年来，温斯顿的生活像时钟一样有规律，每天提前15分钟到岗，从不迟到早退。日复一日，年复一年，他工作起来总是情绪高昂而从未厌倦。

看看这简短的几句介绍，温斯顿的事迹就足以令人感动地掉下眼泪！或许就是因为这，一位普通工人的去世引起了全球的关注。如果你是一位劳动者，不妨拿自己与温斯顿作一下比较。

一比工作纪律。在一年之内，你有没有迟到、早退、旷工现象？如果有，次数是多少？要知道，温斯顿76年来从无工作违纪现象，仅仅是因为老伴去世才请假1天。

二比敬业精神。在工作中，你有没有苦恼、烦躁、牢骚、怠工等消极或不良现象？如果有，次数多不多？要知道温斯顿始终干一种工作并且从未厌倦过。对温斯顿来说，长寿之道也非常简单，那就是“不停地积极工作”。

三比事业忠诚。如果你已经工作了，那么你想没想过把自己调到一个环境更好、离家更近、待遇更高的单位去？在你头脑中，有没有效忠你所就职的企业的思想？要知道，温斯顿在一家企业干了76年。

不再比了，就暂且比比这几条吧。大多数人因此会感到羞愧，因为我们在很多地方做得远远不如温斯顿。当然，我们不必去学着温斯顿干到100岁再退休，但是我们应该由衷地敬佩他爱岗敬业的精神。

当一个人工作劳累、想偷懒、不顺心的时候，一定要多想想异国的那位已经去世的百岁工人。

有人说："一般的人，只做这一点；成功的人，多做一点点；顶尖的人，再多做一点！"这话是有深刻道理的。其实许多人的成功并没有多大的诀窍，他们只不过是在本分之外多做了那么一点点、多拥有那么"1度"，久而久之，成功就走在了他们前面。

多一点点付出，就多一点点收获；多一点点沟通，就多一点点理解；多一点点谨慎，就多一点点安全；多一点点坚持，就多一点点成功。有时多一点点，还会出现本质上的差别：由平凡改为奇迹。

奇迹与平凡之间的距离，并不如大多数人想象的是一道巨大的鸿沟。有时候，奇迹与平凡只差别在一些小小的事情上。成功说难也难，说易也易。倘若掌握了"1度"的智慧，与人交往真诚多一点，与人共事吃亏多一点，认真工作多一点，经营诚信多一点，遇到困难坚持多一点，那成功离你就不远了。只要再多敏捷一点，只要再多准备一点，只要再多注意一点，只要再多思索一点，说不定奇迹就会由此产生。

第3节

忽略的秘笈

——必赢心态决定成功

两年前，某城市举办一场港台明星演唱会。在前期筹备阶段，筹办单位需要雇用一批有经验的业务员来推销门票。而理想中的业务员应该是精神抖擞、穿着体面、富有推销经验的人。

招聘广告登出后，第二天，就有一位前来应聘的人。他30岁左右，上身穿一件红色的有点褪色的夹克衫，里面的衬衣掉了好几个扣子；下身穿一条皱巴巴的西裤，皮鞋上布满了尘土。“这不是我理想中的业务推销员。”招聘人员不由得在内心说道。

“朋友你好，我是前来应聘的。”他走到招聘人员面前说。招聘人员看着他，试图找一个不伤害他自尊的办法拒绝他。于是，招聘人员开始询问他的基本情况。他说他在上海打过工，那儿的剧场非常热闹，每天晚上人山人海。他说他知道人们喜欢文艺节目，尤其热衷观看大腕明星的演唱。他来销售门票，肯定能卖出很多，自己也能发个小财。

看到他那股信心十足的劲头，招聘人员拒绝的话语就是说不出口。招聘人员决定给他一个机会。为了试探他的决心，招聘人员说：“你的收入是与业绩挂钩的，如果你一张票卖不出，是一分钱也得不到的。如果你没信心，就不如早去找份收入稳定的活。”

他说：“票，我是一定要卖的。我想问一下，我的提成怎么算？”

闻着他身上透出的志在必得的气息，看着他对于成功的专注态度，招聘人员觉得这份活非给他不可了。招聘人员对他说："提成是按销售额的10%来计算的。如果你愿意，就填张表吧。"在他就要离开的时候，招聘人员又一次嘱咐他："推销票是有技巧的，不能光凭一股热情，还要把话说到人的心坎上。"

他说："这些我都想到了，也从介绍推销的书本上学过好多知识。我和您说吧，我现在已经给自己定好了三个目标：一是每天到广场上、商店里、居民小区内拜访100位客户；二是争取这100人中有两三位能够购买总额达1000元的门票，这样我一天就会收入100元；三是不断积累经验，让自己成为一个成功的生意人，从而不再去外地干苦力活。"

在不断的感谢声中，他离开了招聘人员的办公室。

一周过去了，他不是卖出了计划中7000元的门票，而是卖出了2万元的门票。一个月过去了，他不是卖出了计划中3万元的门票，而是卖出了35万元的门票。按提成比例，他净赚3万多元。由于所有门票销售已罄，他也就胜利结束了售票任务。要知道，在这次活动中，筹办单位一共雇用了25位业务销售员，他的业绩遥遥领先，排名第二的业务员才卖出了12万元的门票，还有七位一张票也没卖出。

他确实令筹办单位感到惊讶。筹办单位问他是怎么推销的，他说："我一户一户地询问，我对他们说，'去和明星面对面接触吧，去享受一下宏大艺术吧，虽然全家人要花去几百元钱，但总比去饭店撮一顿强。'好多人听完我的介绍后，就愉快买下了两三张票。"

筹办单位觉得他的推销工作蕴含了一种哲理，不过在当时没去细想这哲理是什么。

一晃两年过去了。有一天，这位招聘人员在一家大型超市前行走。从路边的豪华轿车里走出来一位阔老板，他身着一套深色的高档西装，手上戴着一枚亮闪闪的金扳指。他走到这位招聘人员跟前，向他打招呼："你好，还记得我吗？"

这位招聘人员一时愣住了，觉得面熟又一时记不起在哪见过。

他笑着说："我做生意的第一桶金，就是你给的机会。你还记得两年前那场演唱会吗?”

啊！这位招聘人员想起来了，他就是当年那个穿着破破烂烂的门票推销员。

“两年不见，怎么发达起来了?”这位招聘人员问他。

他和这位招聘人员说，售票结束后，他以那3万多元作资本，开始推销白酒、葡萄酒、饮料。他先是向一些小饭店、小门市部推销，后来独家代理，向大型超市批发。就这样一步步发展起来，如今他拥有资金几百万元了。

他已经成了一名成功的商人。他两年前定下的三个目标都早已实现了。是什么使他获得如此巨大的成功呢?

两年前，那个没认真思考的问题，这位招聘人员现在细细琢磨起来。

因为他热情、勤奋？对，这是一个重要因素。

因为他比别人脑子聪明、经验丰富？不。在他开始接触生意的时候，他面前是一张白纸。

那么，究竟是什么原因让他成功?

这位招聘人员觉得，有这么几个导致成功的因素：一是他信心十足，敢问敢做，不畏首畏尾。“即使是一只瞎眼狗满街转，也能找到一块骨头。”这是他总结出的经验。这话的意思很简单，如果你问得足够多，总会有人说要的。二是他全力以赴，坚持不懈，不虎头蛇尾。虽然他吃到的闭门羹和受到的拒绝肯定少不了，但这从未能阻止他前进的脚步。三是他在积极努力中还善于思考，尤其要注意的是，他只去思考怎么来把事情做好，不去思考失败了会有哪些后果。他相信不论发生什么，事情都会按照他的愿望去发展。这第三点最重要。如果把这三点聚合起来，那就是一种必赢心态。他之所以能取得最好的销售业绩，其实就是这种心态作用的结果。

历史上，必赢心态决定事情成功的典型例子，当属项羽一手造就的著名战争——巨鹿之战。

秦朝末年，天下大乱，诸侯割据，军阀混战。公元前207年，秦军上将军章邯打败楚地反秦义军首领项梁后，认为楚地已不足忧，遂率20余万秦军北上攻赵，并急调上郡的王离部20万秦军南下，围困赵王歇于巨鹿。无奈之下，赵王派使者向楚怀王以及各国诸侯求援。当时秦军十分强大，救赵诸军驻扎在巨鹿城北，没有人敢前去迎战。

项羽为报秦军杀叔父项梁之仇主动请缨，于是楚怀王便以宋义为上将军、项羽为次将、范增为末将，率军6万北上以解巨鹿之困。

援赵大军进至安阳后，宋义被秦军的气焰所吓倒，停留46天不敢前进。项羽痛斥宋义的怯懦行为并杀死了他。楚怀王遂封项羽为上将军，并令英布和蒲将军两支楚军也归其指挥。

项羽先派遣英布、蒲将军率领2万人为先锋，渡过黄河，切断秦军运粮通道。然后，项羽亲率全部主力渡河，并下令全军将士破釜沉舟，每人只携带三天的干粮，以示决一死战的决心。

项羽对将士们说："我们这次出兵巨鹿，有进无退，三天之内，一定要打败秦军。"

项羽破釜沉舟的决心和勇气，极大地鼓舞了将士们的士气。楚军个个士气振奋，以一当十，奋勇死战，九战九捷，大败秦军。齐、燕、魏等各路救赵军队均作壁上观，待楚军大破秦军时，纷纷冲出营垒助战，最后俘获了秦军统帅王离，巨鹿之困因而得解。

当时，秦军何等猛烈，各路诸侯都不敢招惹，唯独势弱的项羽怀着一股必赢的心态敢对秦军来一场世纪豪赌，"以鸡蛋碰石头"，结果项羽打破常规，创造出奇迹。

必赢心态，往往不被"深思熟虑"的人所接受，但往往又合情合理地创造出一种不同寻常的成功。得体的仪表、熟练的技能、丰富的经验……往往是成功的要素，但必赢心态比这些要素更重要。许多人不成功，不是"会不会做"的问题，而是"敢不敢做"和是否拼尽全力的问题。有时候，我们过多地患得患失，结果离成功越来越远。必赢心态这个成功秘笈，在繁忙工作中和琐碎生活中被我们给忽略了。

第 4 节

比尔·盖茨第二

——学习两人的三项优点

在《福布斯》杂志发布的 2007 年网络名人榜中，美国青年扎克伯格名列前茅。扎克伯格何许人也？他是炙手可热的社区网站 Facebook（脸谱网）创始人兼 CEO，许多人称其为“比尔·盖茨第二”。

扎克伯格的人生就像一份电影剧本。他是一个聪明的学生，以优异成绩进入哈佛大学，并在大学中认识了一同创业的伙伴。随后，扎克伯格为了事业而退学，他的这一决定使其在互联网历史上书写了浓浓的一笔。目前，Facebook 已拥有数量庞大的注册用户，包括政府机构以及《财富》500 强企业，英国哈里王子和其女友都是该网站用户。在这些用户中，一半人员每天都会上线。

2007 年底，根据专业公司的测试数据，Facebook 已是美国流量排名第 6 的网站，占据美国网民 1% 的上网时间。此外，该网站还被评为排名第 1 的照片共享网站，每天新上传照片数达 600 万张。Facebook 已成为 Google 以及其他互联网巨头的主要竞争对手之一。美国微软公司、香港名人李嘉诚等均入股 Facebook。有文章称，雅虎对 Facebook 的内部评估显示，Facebook 到 2010 年时将产生 9.69 亿美元的营收，拥有 4800 万用户。此外，《纽约时报》有消息称雅虎出价 10 亿美元试图收购 Facebook，但是被扎克伯格拒绝。扎克伯格的创富故事让许多人津津乐道。

尽管拥有数十亿美元资产，但扎克伯格的生活仍如同常人。他还是住在租来的房子里，家具是一张气垫床、一张桌子和两把椅子。上班时，他通常步行或骑自行车，身穿褐色运动衫、卡其裤子以及阿迪达斯球鞋。

在了解了扎克伯格的传奇经历和鲜明个性后，我们不由地想到他与微软总裁比尔·盖茨有着惊人的相似之处，如：从小就有电脑天赋，一样是哈佛大学辍学，同样在19岁创业，很快就是少年得志等。另外，他们都出身中产家庭，生活习性也几乎相同。

同在蓝天下，是什么神秘力量决定了扎克伯格与比尔·盖茨年纪轻轻就拥有巨额财富？是天资聪颖，还是大学辍学……或是不修边幅？

细细琢磨起来，他俩除了表面上的共性外，还有以下深层的共同点：

一是眼光独具。同在信息时代，他俩都掌握未来发展的趋势，从而各自作出一个正确的决策，一个去开拓社交网站，一个去进军软件市场。这些决定，让他们创下了全世界都传颂的网络神话。企业家能够成功的一个重要因素之一，就是有独到的眼光。什么叫独到眼光？就是说能够发现别人所不能发现的赚钱机会。很多赚钱的机会，为什么你不能够发现，他能够发现呢？因为他有企业家的眼光。哪一个投资领域好？哪一个产品好？企业该怎样应对市场变化？谁能够首先发现了，并能开拓市场，谁就具备企业家眼光。独到的企业家眼光可以看到一般人看不见的东西，比如：表面价格背后的实质价格，低迷企业未来的前景，等等。

二是抢抓机遇。机遇稍纵即逝。为了抢占市场，两人只好选择辍学。他们辍学，并不是不爱学习，或不重视学习，而是为了抢得先机。比尔·盖茨有句名言："卖汉堡包并不会有损了你的尊严。你的祖父母对卖汉堡包有着不同的理解，他们称之为'机遇'。"古今中外，抓住机遇，就是握住成功。机遇是很奇妙的东西。它来的时候无踪影，然而走的时候却会让你后悔不迭。只有心细的人才能够抓住它。抓住机遇，才能有更加光明的未来。俗话说："机不可失，时不再来。"就是提醒人们去抢抓机遇。机遇对每个人都是公平的。有些人抓住了，有些人抓不住；有些人发现了，有些人茫然无知；有些人在不断创造机会，有些人在苦苦等待机会。对此，我们更欣赏前者。其实，机遇是可以创造的。在经过一段艰苦卓绝的奋斗后，良机便会赫然出现，这也是能力到了一定的积累后质的飞跃。科学认识机遇、及时抓住机遇、积极发展机遇、准确用好机遇是摆在每一个人面前的重要任务。机遇总是垂青有准备的人。制定和选择正确的发展战略，不但能抓住当前机遇，还能为新机遇的到来提供条件。机遇不喜欢懒汉，也不欣赏投机者，机遇总伴随着勤奋努力的人、不断开拓的人、持之以恒的人、力求创新的人。

三是全力以赴。比尔·盖茨曾对青年人有句忠告："电视中的许多场景绝不是真实的生活。在现实生活中，人们必须埋头做自己的工作，而非像电视里演的那样天天泡在咖啡馆里。"埋头工作就是全力以赴，把一个人的所有精力都投入到方向正确的事业中去。扎克伯格与比尔·盖茨都不太注重仪表上的打扮，这或许就是因为专心致力于工作、无暇去顾及更多的原因。

在大千世界之中，我们可以不去仿效扎克伯格与比尔·盖茨的专注计算机与网络、大学辍学和生活习性，但应该学习两人的这三项优点：眼光独具、抢抓机遇和全力以赴。

第 5 节

成功两件事

——巴菲特的两点论

巴菲特是有史以来最伟大的投资家，他依靠股票、外汇市场的投资成为当今世界首富。

1970 年至 1974 年间，美国股市就像个泄了气的皮球，没有一丝生气，持续的通货膨胀和低增长使美国经济进入了“滞胀”时期。然而，一度失落的巴菲特却暗自欣喜异常，因为他看到了财源即将滚滚而来——他发现了太多的便宜股票。1972 年，巴菲特盯上了报刊业，因为他发现拥有一家名牌报刊，就好似拥有一座收费桥梁，任何过客都必须留下买路钱。1973 年开始，他偷偷地在股市上蚕食《华盛顿邮报》。他的介入使《华盛顿邮报》利润大增，每年平均增长 35%。10 年之后，巴菲特投入的 1000 万美元升值为 2 亿美元。1980 年，他用 1.2 亿美元，以每股 10.96 美元的单价，买进可口可乐 7 % 的股份。到 1985 年，可口可乐改变了经营策略，开始抽回资金，投入饮料生产，其股票单价已长至 51.5 美元，翻了 5 倍。2002 年至 2003 年期间，巴菲特购买了总价 4.88 亿美元的中石油 H 股，5 年后出手时已达 40 亿美元。

有人曾经计算过，如果谁在 30 年前投资巴菲特的公司 1 万美元，那么 30 年后，他就可得到 1130 万美元的回报。也就是说，谁若在 30 年前选择了巴菲特，谁就坐上了发财的火箭。巴菲特的赚钱本领，让全世界的投资家都为之咂舌。

是什么理论让巴菲特造就当今投资神话?

巴菲特一语道破答案:“人生就像滚雪球，重要的是找到很湿的雪和很长的坡。”湿雪，指的是在合适的时间投入能不断滚动增值的资金。长坡，指的是能让所投资金不断翻滚的企业。对巴菲特来说，他似乎总能找到“很湿的雪”和“很长的坡”，并且总是把这“两点”功夫做到极致。人们津津乐道的是，他是一个能耐得住寂寞的投资人。在他掌握一家公司的真正价值后，所要做的就是等到股市大跌，到那时再购进股票，这样安全又利润丰厚。

巴菲特的“两点论”不只适用于财富人生，同样适用于政治人生、科技人生、艺术人生。“很长的坡”其实就是选准一条有前途、有意义的人生之路；“很湿的雪”其实就是及时正确地投入自己的精力。这好比一辆好车开足马力，在宽阔道路上行驶，用不了多久就能驶向成功之目的地。

在工作与生活中，我们学不了巴菲特的投资手腕，但可以借鉴巴菲特的“两点论”人生哲理。

选好你的人生之路，并义无反顾地走下去，这或许就是巴菲特告诉我们的。

路，有千万条，人们每天都在不同的路上走着。有泥泞潮湿的乡村小路；有盘旋曲折的山区小径；有黄沙滚滚、一望无际的沙漠之路；有浓荫蔽日、蚊虫肆虐的森林之路；当然，更有高速公路、铁路、水路。但是，世界上还有一条每个人都经历的必由之路，它就是人生之路。

人生之路可以选择，并且是不止一次地选择。可以选择轻如鸿毛地了此一生，也可以重如泰山般轰轰烈烈地活一把。如果选择风平浪静的生活，他的生命波峰不会太高，波谷也不会太低，既感受不到太多成功的喜悦，也不会因惨痛的失败而摔得粉身碎骨。这是一种恬淡安逸、无忧无虑的生活，既不用承受太大的压力，也用不着“三更灯火五更鸡”地疲于奔命。不过，我们还是倡议选择激情的人生之路。苏联作家奥斯特洛夫斯基曾在他的名著《钢铁是怎样炼成的》一书中，借主人翁保尔·柯察金之口对这个问题给予了回答:“一个人的生命应当这样度过:当他回首往事的时候不会因虚度年华而悔恨,也不会因碌碌无为而羞愧!”

选择人生之路一定要慎重,如果目标定错了,追求的方法也错了,那将烦恼不断,痛苦不堪。

不管哪条人生之路,都是有时宽广,有时狭窄;有上坡,也有下坡;有坦坦荡荡之时,也有披荆斩棘之时。一旦选准了正确的人生之路,不要说什么放弃,对于你眼前所走的路,无论如何都要毫不停歇地走下去。

人生的路上,没有永远的一马平川,也没有永久的荆棘丛生;没有永远的波涛汹涌,也没有永久的风平浪静;没有永远的鲜花,也没有永久的微笑;没有永远的失败,更没有永久的成功。拜伦曾经说过:“无论头上是怎样的天空,我将承受任何风暴。”在这条路上,双脚磨破,双手划烂,也要通过荆棘丛生的人生之路,向希望的巅峰攀登,不断攀登。当你离人生之巅几步之遥时,别轻心,踏踏实实地走完关键的几步;当你离预定目标相差甚远时,更不要气馁,也许前方就是胜利的曙光。

路漫漫其修远兮,吾将上下而求索!

第6节

蚌病孕珠

——因缺成大

“月晕而风，础润而雨。”一个人在取得巨大成功前，有没有预兆呢？

回答这个问题前，我们先看看一些熟悉的事例。

先秦时期的韩非，写下了许多脍炙人口的作品，但他却是一个口齿不清、严重口吃的人。

金庸的武侠小说饮誉全球，凡有华人的地方就有金庸的小说，但他在《明报》做老板时和下属的交流竟然是用纸条递字的，据说原因是他口舌木讷，不善言语。

当代先锐评论家、有“北大怪才”之称的余杰，自称是一个口吃的人，但看过他的作品的人都知道，他的文章渊博、深刻、流畅，绝对想象不出这些美文是出自一个口吃的人。

著名当代作家贾平凹也是个不善言辞的人。

贝多芬的听觉从小就存在问题，二十几岁时就已经严重影响日常生活了。但他从小就喜欢上了音乐，创作力最为辉煌的时期，就是他的听觉逐渐丧失之时。当听觉全部丧失后，他接连写出了奏响世界的不朽之作：《月光奏鸣曲》《英雄交响曲》《第五交响曲》……

当某个人在某个方面存有缺陷，或许将来这个人就会在这个方面有突出成就。

巨大成功的预兆是什么？缺陷！正是缺陷这个因子，成就了他们的伟大。

分析这个道理，不妨从珍珠的产生入手。

一粒沙子，进入了河蚌体内，使它发痒，发痛。河蚌想尽办法把沙子排出体外，但都一一告败。受尽伤痛折磨的河蚌只好分泌一种特殊物质，来包裹这粒沙子。当它的伤口愈合时，这只河蚌的身价已经不同，因为它有了一颗光洁圆润、晶莹剔透的珍珠。

某个人的身体有缺陷，就会带来内心伤痛。如果这个人没有被伤痛击倒，他的内心就会产生一种弥补机能，促其奋发图强，从而创造出不同凡人的成绩。

因缺成大，蚌病孕珠。世间，有许多事情源于同一个道理。

天有不测风云，人有旦夕祸福。无论处境多么险恶，只要自己不认输，就一定有路可走。“上帝是公平的，他在给你关上一扇门的同时，一定为你打开另一扇窗。”能否找到这扇窗，并坚强地走出去，欣赏外面的风景，要看你是否拥有一盏灯。这盏灯不在别处，就在我们自己心里，它的名字叫“自强不息”。

奥格·曼狄诺所著《羊皮卷》里讲述一个故事：麦士是位成功的商人，却不幸患上了白内障，视力严重受损，不要说阅读写作，就连驾车外出都极其艰难。与他一同患病的一位病友受不了这种折磨，每天不是喝得酩酊大醉，就是对着别人大发雷霆，仅仅过了半年，那位病友便离开了人世。目睹此景，麦士备感凄凉。因为疾病，他已不得不结束原来的生意，他的生活渐渐陷入了困境。在那段举步维艰的日子里，书给了酷爱阅读的麦士很大慰藉。因为患病，麦士深深体会到视力不良者的不便与需要，他决定寻找一种能够容易阅读的字体。经过差不多一年的研究，麦士发现在纸上印有粗线条的斜纹字体，不但对视力有障碍的人大有帮助，也能提高一般人的阅读速度。于是，麦士把自己仅有的15000美元存款从银行里取了出来，把这组新研究出来的字体整理妥当，全面推广。麦士在加州自设印刷厂，第一部特别印刷而成的书籍面市了。短短一个月，麦士接到了订购 70 万本的订单。麦士成了勇于创新、闻名遐迩的出版商。

痛苦使人升华、超越，任何不幸、失败与损失，都有可能成为我们有利的因素。珍珠的来源最初不过是蚌本身的痛苦，正因为有了痛苦之后，才有了价值连城的珍珠。蚌病孕珠启迪我们要正确面对人生的痛苦，勇于面对，并去努力战胜自我。

司马迁只是为李陵说了几句公道话，就惹恼了汉武帝，被处以宫刑。生理与心理的双重剧痛撕裂着司马迁的心，他就在那无边的疼痛中写出了光耀千秋的巨著——《史记》。

苦难也许无法回避，命运却可自己选择。如同河蚌，无病无灾，顺利成长，只能作人美味，可是一旦遭受沙子的伤害，却可能孕育出珍贵的明珠。蚌病孕珠的道理喻示我们，挫折并不可怕，可怕的是面对挫折我们不能去战胜它。只要端正观念、矢志不渝，苦难就变成了机遇、动力和财富。

对每个人来说，长处与短处、优点与缺点，样样并存。世上没有只有缺点而无优点的人，同样，也绝对没有只有优点而无缺点的人。明白这一点，你就能坦然正视自己的短处。在别人指出你的不足时，你就不会再像以前那样，一个劲儿地想尽办法反驳，反而会坦然地接受别人的意见。当别人指出我们很多的缺点时，我们会静下来反省一下：自己为什么会有那么多缺点？为什么以前没有注意到？是不是自己真的如他人所说的那样？然后根据反思所得，对症下药，早日改掉那些缺点。

第7节

成功者旁证

——企业家四大要素

俗话说："当局者迷，旁观者清。"如果你学富五车，才高八斗，但在商海里拼搏多年，依然是命运多舛，闯不下自己的一片天地，那么你就应该认真地听听旁观者和评估家的意见。旁观者和评估家这么多，听谁的？

徐新的观点，不妨认真地看一看。

徐新是谁？她是今日资本总裁，原霸菱投资（亚洲）公司的中国区董事和总裁，拥有在中国10年的私募资产和风险投资（简称"风投"）的经验。曾经以6800万美元的资本获得了1.21亿美元的现金回报和4100万美元的资本收益，实现高达61%投资回报率或4倍于投资额的收益回报。她曾荣获《商业周刊》2004年度"亚洲25位最具影响力的人"——即"亚洲之星"奖。她毕业于南京大学，拥有英国注册会计师资格。在其10年风险投资职业生涯中，她成功地运作了9个投资项目，其中，网易等5家企业成功上市，丁磊等3位中国企业家在她的帮助下成为中国顶尖级的富豪。

要知道，在风险投资领域流传着这样一个数据，即100万个创业的想法，大概有6个能够成功，而在拿到风险投资资金的情况下，也只有20%能够上市。徐新在风险投资领域能够做到如此成功，说明她有着敏锐的眼光和犀利的判断力。

她很喜欢与人分享的一个观点是：“对人的判断，不是科学是艺术。”这“艺术”表现在哪？她曾经毫不隐瞒地说出了她看人的独门秘诀：

第一，看创业者的头脑有没有对生意的直觉。这种直觉，就像武侠书中描述的“杀手”的直觉。

第二，看业绩。徐新一般只投行业前5名，中国竞争这么激烈，能做到前5名，肯定有独到之处。

第三，看创业者会不会管人。很多公司规模到了100人，就管理不下去。为了考察这一点，徐新喜欢观察他的副手，如果副手能力很强，而且跟随他很多年，说明这个人的领导能力不错。

第四，看创业者的品格。创业者的品格应该是透明而且诚实可靠，这一点最不能忽略，“如果一个人发自内心想要做大事，有事业上的追求，就决不会只图谋那些钱而把我们给害了”。

打个比方说吧，网易的创办者丁磊，第一个进入短信业务，第一个开发网络游戏。别人看不到的商机他能看到，别人放弃了他能坚持，别人都跟进他能退出。这种商业感觉很让徐新敬佩。某天，当徐新问丁磊为什么还不结婚时，他回答说，他一生只有一个愿望，就是要建立中国最成功的网站，帮股东赚到钱。丁磊说这话的时候，正是他最困难的时候，为此徐新很感动。她想：难成这样，他还想着要为我们风险投资赚钱，这种人，值得投资。徐新的信任最终没有落空。2004年，网易的股票以8倍的投资回报套现。至今留给徐新的遗憾是：“我对我们投的企业啊，卖得太早了。”话语间掩饰不住对自己眼光的得意。

与丁磊一样走入徐新视野的还有一个人，他便是中华英才网创始人张杰贤。在创业初期，他的想法只是做一家小猎头公司兼做网站，只招了5个人，其中两个还是临时工。徐新与张杰贤见面不久，她便把募集的60万美金交给了他。之所以敢拍下板来，是因为徐新有两个判断，一个是对当事人看好，还有就是对生意模式的判断。中华英才网最吸引徐新的，是不需要编辑、不需要内容的新的商业模式。这种商业感觉很被徐新看好。3 年过去了，这家公司的市值为 5000 万美元，她的回报是 80 多倍。

有媒体说，徐新是专门制造富豪的人。之所以这样评价她，是因为徐新有着一种判断某人能否赚钱的锐利眼光，有着一种观察某人能否跃升为成功企业家的观人艺术。

头脑、业绩、管理、品格，或许就是一位企业家尤其是一位成功者的四大要素。有头脑，就是有自己的真知灼见，不是别人做什么，就跟着做什么，别人说什么，就跟着说什么。有业绩，就是初见成效，有小的成就，才会有更大的成就。一个人的力量有限，要想出大业绩，必须依靠一个紧密团结的群体，会管理尤为重要。品格就不用说了，贪图小钱，把品德都丢了的人，不会有长远的发展。

第8节

大师与菜鸟

——认识肤浅和认识深刻

导演A是一个非常热爱他的事业的人，几十年里，他导演了数十部戏剧。每当这些戏剧演出，不论刮风下雨，不论白天黑夜，他必到剧院观看。当有人为其精神感动时，他说：“我视它们为自己的儿女，在这些作品里面，融会了我对生活的热爱、对社会的见解和对艺术的追求。”因为高涨的工作热情和几十年如一日的无私奉献，导演A被评为拔尖人才和劳动模范。

导演B是个奇特的人，虽然他导演了数十部电影，但他从来不到电影院观看自己的影片，就连首映式也不例外，这简直令人不可思议。在一次采访中，有个记者问他：“您从不到影院看自己的电影，难道不想知道观众们的反应吗？不想听听他们的尖叫和掌声吗？”“不，不需要，”他回答说，“你知道吗？拍片的时候，我看到了什么？我看到的不仅是拍摄现场，还看到了坐满观众的电影院，每一个镜头都是为了观众的尖叫和掌声而拍的，所以我早就知道他们的反应了。”

导演A与导演B虽然有对事业的许多共同之处，但也有许多差异之处：一个导演戏剧，一个导演电影；一个对自己的作品在剧院里看了又看，一个对自己的作品从不在影院观看；一个看到了作品里自己的灼热思想，一个看到了作品里每个细节所对应的观众反应。

其实，差异还不只这些，导演A与导演B的最大差异之处，就是导演A的几十部作品都平平庸庸，每部作品演出几场后就再也没有市场了。导演B则取得了艺术上的杰出成就，他的作品深受观众欢迎，《三十九级台阶》《后窗》《精神病患者》等等，这些脍炙人口的佳作都出自他之手。他的名字叫阿尔弗莱德·希区柯克，是国际演艺圈公认的“悬念大师”。他的作品多以紧张和恐惧为特色，情节曲折惊险，悬念重重，引人入胜。由于他在艺术上的出色贡献，希区柯克去世后被英国女王伊丽莎白二世封为爵士。

如果不看其他，单从作品质量上来评价，那么导演A只能称为菜鸟，导演B则称得上一代大师。是什么导致A为菜鸟，B为大师？不是戏剧、电影之分，不是因为是否观看自己的作品所致，而是因为导演的眼光不同。同样是导演一部作品，只看到自己思想的是菜鸟，能看到观众掌声的则是大师。

一部好的作品不只要有思想，而且还要有市场。如果仅仅注重作品的思想，而未考虑作品的市场，或者对市场的认识、把握不准，那么这部作品可能就会被市场迅速淹没。干事情，尤其干策划，一定要思维全面、认识深刻。

从前，有四个盲人很想知道大象是什么样子，可他们看不见，只能用手摸。胖盲人先摸到了大象的牙齿，他就说：“我知道了，大象就像一个又大、又粗、又光滑的大萝卜。”高个子盲人摸到的是大象的耳朵，随口说道：“不对，不对，大象明明是一把大蒲扇嘛！”“你们净瞎说，大象只是根大柱子。”原来矮个子盲人摸到了大象的腿。那位瘦盲人呢，在旁边嘟囔：“唉，大象哪有那么大，它只不过是一根草绳。”原来，他摸到了大象的尾巴。四个盲人争吵不休，都说自己摸到的才是真正大象的样子。而实际上呢？他们一个也没说对。“盲人摸象”比喻看问题以偏概全。我们做事情，一定要避免“盲人摸象”这个不良现象的发生，不能只看到事物的一部分，而应看全局，那样才能全面和真实地了解事物。

菜鸟和大师的深层差别，是认识片面和认识全面、认识肤浅和认识深刻的差别。要想成为大师级别的人物，做一个认识全面、认识深刻的人，必须做到：要有针对性，也就是你要非常明白你所要做的事情的目的；要有围绕性，围绕自己的目的而去思考问题；要有总结性，不断地去总结经验教训。举个例子，一个从未煮过鸡蛋的人要去煮个鸡蛋。他先要考虑为什么去煮鸡蛋，知道自己的目的是想吃熟鸡蛋。然后，围绕这个目的，刷锅，将鸡蛋放入，煮水。其实水开了，鸡蛋也不一定熟，还要问问有经验的人，水开几分钟后停火最适宜。当然，煮时间久了，鸡蛋也会变质。吃五香鸡蛋，还要调料，因此，煮水过程中要弄好调料。看似一个简单的问题，其实并不简单。如果这个第一次煮鸡蛋的人不去思考这么多，稀里糊涂地去煮鸡蛋，结局会有多种。

第9节

点额成金

——出奇制胜

谢小二是个从贫穷山村走出来的小伙子，在一座城市的建筑工地上打工。按理说，他应该膀大腰圆，能吃苦、能耐劳，可是他却偏偏身材瘦小，一副弱不禁风的样子，这可能与他小时候体弱多病有关。谢小二本名不叫小二，排行也不是老二，就因为他软弱老实，别人都称他小二。他觉得这个名字也不错，顺口。久而久之，真名就很少有人提起了。虽然说谢小二缺少力气，但他不缺乏志气；虽然说谢小二缺少钱财，但他不缺乏理想。他的最大愿望就是发一笔大财，然后讨一个温柔的媳妇回老家，去好好孝顺父母。

有个愿望很容易，但实现愿望却不一定简单。有的伙伴约谢小二一起去偷、去抢、去赌，但这些不法行为均被小二毫不犹豫地拒绝了。宁可饿死，也不拿别人一分钱，这是谢小二家的祖训。不偷，不抢，不赌，怎么发财？谢小二也想不出个主意。他辛辛苦苦打工一个月，才挣500元钱，除去吃、穿、买肥皂、理头发的消费，每月仅剩几元钱。按这种财富积累速度，谢小二要想发家致富，完全是幻想。

每天吃完晚饭后，闲着没事的谢小二就在街上闲逛。他太想发财了。他知道这个时候，在地里劳累一天的父母就会坐在街头向邻居夸小二如何如何有能力，如何如何在外面闯天下，如何如何孝敬他们。谢小二每想到这些，发财的愿望就会更加强烈。他要对得起自己，也要对得起生他养他的父母。

发财的机会来了。

这天晚上，谢小二照旧在街上闲逛。他突然发现黑暗的路边绿化带里，隐约有一件东西。走近一看，是个皮包。谢小二捡起来，拉开一看，里面是厚厚的几沓钞票。紧张的谢小二哆嗦着手赶快拉上皮包，揣进怀里就往回走。一路上，谢小二心里嘣嘣直跳，心想这下发财了。回到宿舍，谢小二就把皮包放进被子里，接着自己也钻进去睡觉。有工友问小二你怎么了，为什么睡这么早，谢小二就回答说自己感冒了。虽然睡得早，但谢小二心里一晚也没睡着。头三个小时，谢小二在被窝里异常激动；再三个小时，谢小二突然想起了丢包人，他想这个陌生的丢包人此时肯定很难过；又三个小时，谢小二又想起了那句祖训——宁可饿死，也不拿别人一分钱。就这样，谢小二一晚也没睡着。

第二天早上，谢小二做出了一个英雄举动。他拿着捡到的皮包走进了派出所，请民警帮助查找失主。在交出皮包的那一刻，谢小二一块石头落地，内心立刻恢复了往日的平静。

谢小二回去后继续打工，他不敢把这捡包、交包的事告诉工友。工友们知道了肯定会嘲笑小二"脑子有病"的。到了下午，突然间一个白胖胖的斯文人前来找谢小二。原来，这个斯文人就是丢包人，民警根据包里的资料立刻找到了他。头天晚上，他喝醉了酒，糊里糊涂把皮包当作没吃完的馒头扔到了路边绿化带里。这个斯文人是个广告策划员。他把半年来的辛苦收入全放到了包里，本想交给老婆保管，不想却弄丢了。半夜酒醒后，斯文人发现皮包不见了，立刻急出一身冷汗。斯文人的老婆知道后，对他是又打又骂。两个人觉也不睡了，骑上车就沿路寻找。由于斯文人脑中毫无印象，忙活了一晚上也理不清个头绪。当上午接到民警打来的电话后，斯文人和他的老婆两眼都冒出了泪花。他们太感激捡包人了，这不，斯文人见到谢小二就鞠躬，然后掏出一把钱给小二。倔强的谢小二一分也不收，斯文人很不好意思，就问谢小二需要什么。

谢小二想了半天，红着脸说："你很有学问，你就帮我出个主意，让我多挣钱吧。”

斯文人问小二有什么特长，小二说没有；问小二有多少资金，小二说没有；问小二有什么可以利用的社会关系，小二说没有；问小二什么学历，小二说是初中。在了解了小二的这些情况后，斯文人长叹一口气说：“这样的话，你发财就难了。”

谢小二解释道：“虽然我没这没那，但只要不犯法，你让我干什么都可以。”

斯文人想了想，高兴地向小二说道：“有了。”

斯文人没有急着向谢小二解说他的主意，而是先问小二：“如果让你去做一件不犯法的事，你怕不怕别人嘲笑你?”谢小二回答说不怕。斯文人接着又问：“如果你按我说的做，我保证你会发财，但开始时你要遇到阻力，你会不会坚持下去?”谢小二回答说：“我看得出你是个有才能的人，不管遇到什么困难，我都会按你说的办，就是三头牛也不能把我拉回去。”

斯文人高兴地点点头。他从包里拿出一支笔，在谢小二的额头上端正地写了以下几个字：“额头空间出售，欢迎刊登广告。”

谢小二照了照镜子，一下子傻了，心想这怎么能行！但他的话既然说出了，就不能收回。他决定豁出去了，反正自己也是穷光蛋一个。

谢小二和斯文人道别后，硬着头皮走向了工地。立刻，工友们哈哈大笑起来，然后一个个不停地戏弄小二，小二也不搭腔，管他们说什么。

第二天早晨起床，小二洗了洗脸后，又自己拿出笔来对着镜子写上那 12 个大字。工友们一看这局面，不笑了，他们都以为小二神经出了问题。这个人过来摸摸小二的额头是否烫手，那个人过来敲敲小二的脊背，看看他反应是否正常。小二也不和他们解释原因，照旧吃饭、干活、闲逛。

毫无疑问地，谢小二的异常举动，立刻成了爆炸新闻，先在工地，后在街道，然后在整个城市传遍开来。人们以为谢小二的举动，可能在这个地球上是空前绝后的。这座城市的晚报、电视台的记者闻讯后，也赶来采访，当他们确认谢小二没什么毛病后，就把他的“致富新招”当作社会热点新闻播发。谢小二，在一夜之间成名！并且其势不可挡。几乎每天，都有新闻记者、社会问题专家、好奇人士来工地看望他，追踪他。

就怕人不出名，一出名了，什么好事都会来。谢小二在额头发布招商广告后，没出七天，就有一家“将军”牌电动车销售公司找上门来。公司经理希望在谢小二的额头上打上“将军额头，电动行车”几个字，作为报答，是一月给小二2000元钱，连续发布5个月。小二毫不犹豫地答应了。其实，这位经理的账算得很清楚，他看中的不是几个路人去看小二的额头，而是看中了“谢小二效应”。果然，在第二日的媒体上，就出现了“谢小二广告招商获成功，将军牌电动车额上有名”的新闻，并且图文并茂。更重要的是，全国各地的媒体、网站纷纷将这一新闻转载。谢小二成了不亚于“芙蓉姐姐”知名度的“经商奇才”“热点新秀”！几十家公司纷纷前来洽谈广告刊登事宜，因为“广告位”已经销售出去，所以谢小二每天都要耐着性子谢绝这些要求刊登广告者。还有不少商场，看中了谢小二的名人效应，他们以每小时出场费1000元的价格邀请小二到商场去搞促销活动。这种事，小二来者不拒，只要有空就参加。一时间，谢小二成了个炙手可热的人物。有人为他算了一笔账，即使不算额头广告费用，单出场费，小二每月就有至少10万元的进账。

谢小二不论是在商场，还是在大街，一些漂亮大方的姑娘纷纷给他抛媚眼，有的主动向前找小二签名，还有的偷偷问小二婚否。小二沉浸在幸福之中。幸福中的谢小二在想：我的最大愿望基本实现了，就差挑选一个漂亮媳妇回家孝顺爹娘了。这要感谢那个斯文人的“点额成金”术，还要感谢我自己。我的“坚决不拿别人一分钱”的品质让我成名获利。假若我以前去偷、去抢、去赌，说不定现在很狼狈；假若我把捡到的钱昧为己有，虽说可能无人知晓，但自己会一辈子良心不安，当然，更不会引来现在的飞黄腾达。

出奇制胜，是谢小二成功的深层原因。企业要发展、事业要兴旺，出奇制胜不可缺失。一个想迅速成功的人，一定要在出奇制胜上下功夫，把出奇制胜当作一辈子必须思考、研究、重视的大事。

出奇制胜是《孙子兵法·势篇》中的一种战术谋略，讲的是：“凡战者，以正合，以奇胜。故善出奇者，无穷如天地，不竭如江河。”以正合，以奇胜，讲的是正面的军队与侧面的军队互相配合，变化运用，使敌人无法应战，而取得胜利。商场如战场。在商场中，如果想人之所不想，为人之所不为，走人之所不走，办人之所不办，就像是《孙子兵法》中所说的奇兵，不从正面作战，而是一支从侧面突然出现的军队，往往出奇制胜，获得别人料想不到的收获。

第10节

成功之路

——坚持就是胜利

话说100名中外名人汇聚到一起，不为别的，就是为了研究成功之道。经过若干天的激烈争辩，最后形成了百位名人都一致认可的定论：“人们只要朝着××方向走下去，就会获得成功。”这句千锤百炼的至理名言出炉后，被特意雕刻在巨石上，以便让世人明晓正确的奋进方向。

很短的时间内，就有100位普通人目睹了这句成功导语。他们个个激动万分，兴奋得全身发抖，愉悦得满脸通红，因为不费吹灰之力，就意外获取了似锦前程。这100人，都不约而同朝着百位名人指引的方向奔去。

一天过后，有90人重回到巨石旁。他们为什么回来了？因为沿着××方向奔过去，竟是漫漫无边的大沙漠。如果要穿越沙漠，不知道要受多少苦，要遭多少罪，所以他们就返了回来。其中一些人怀疑自己看错了，就又走到巨石边，将那句名言看了又看，结果发现自己走的路并没有错。他们不免愤然骂道：“这100位名人脑子进水了，竟然研究出这么一条谬论。”还有人说：“这些名人也太心胸狭隘了，生怕成功被别人获取。”发了一通牢骚后，这90人就各自回家了。

又过了一天，剩下的10人也都赶了回来。原来这10人在看到荒芜大漠后，没有退缩，而是勇敢地向前迈进。当进入沙漠半天后，他们看到了一条宽敞的石头铺就的路。他们认为这就是传说的成功之路，纷纷踏上去。或许因为烈日暴晒，或许其他什么原因，当人们的汗水流到石头上时，当携带的饮水不小心滴到石头上时，这些石头就发生了爆炸。他们都被炸得遍体鳞伤、灰头土脸。

这10个返回的人既愤怒又惶恐地给那百位中外名人打电话：“到底哪一条路通往成功?”名人们说：“就是那条通向××方向的路，路的终端就是这条石头路。”

这10个人再次向那方向走去。当重又踏上沙漠中的那条石头路时，爆炸又发生了，并且比上次来得更猛烈。过了许久，这10个人才缓过神来。他们都已体无完肤，浑身是血。

这10人中的9人再也不奢望成功了，当然更不会给名人打电话了。他们无比懊悔地原路回返，一边走一边咆哮着：“我们完全按照那个方向行进，可是：我们得到了什么？名人呀！你们为什么要欺骗我们呢?”

10人中只有1人没有回返，而是沿着××方向继续走下去。他想，反正遭到爆炸两次了，不如豁出去。谁知爆炸再也没有发生，一小会儿的工夫，他就看到了绿洲。在绿洲里，遍地都是成功机会。他随便抓住了一个，就也成为了名人。

成为新名人的这个人立刻明白：方向没有错，百位名人没有欺骗他们。其实只要越过爆炸，就看到成功了。

成为新名人的这个人同时悟出一条道理：都是遭到了石头爆炸，退回去就是功亏一篑，走下去就是柳暗花明。

想到这，成为新名人的这个人不出地为那9个返回的人惋惜！为那90个临阵退缩的人悲叹！他想：如果将社会分成三层，那么90%的人平凡过一生，9%的人虽然曾经饱受苦难但也一无所成，只有1%的人在经历一番拼搏后走向了成功顶峰。

却说战国时期，秦王嬴政平息了嫪毐之乱后，将叛乱主谋，自己的母亲太后赵姬迁居到冷宫，派300名军士看守。

这年夏天，天气突然寒冷，下起大雪，百姓冻死许多。民间都在议论：“秦王贬压太后，令她迁居，儿子不认母亲，所以夏天降雪。”大夫陈忠向秦王嬴政进谏："天下没有无母之子，应该让太后回到咸阳来，以尽儿子孝道，这样天气就会很快变好。"秦王嬴政大怒，命人剥去陈忠衣服，把他放在蒺藜上，用锤子砸死。尸体放在殿前，旁边张贴一榜，上书："有为太后之事前来进谏者，下场如此！"尽管这样，前来进谏的大臣仍然相继而来。秦王嬴政命令全部杀掉，尸体都陈于殿前，前后共有27人为此丧命。

当时有个齐国人名叫茅焦，到咸阳来玩，住在客店里，闻听此事，气愤地说："做儿子的囚禁母亲，真是天地颠倒过来了。"他喊店主送洗澡水说："我要洗一个澡，明天一早就去叩宫门，入谏秦王。"同屋旅客笑他说："那27个人都是大王的亲信大臣，他们的话大王尚且不听，一个个被处死了，难道你这个无名之人也想前仆后继？"茅焦说："如果现在仍有人进谏，大王听不听还说不准呢！"同屋旅客都笑他缺心眼。

第二天一早，茅焦就起来，饱食前去。店主拉着他的衣服苦苦劝说，茅焦脱下外衣径自去了。客店中人都说茅焦必死无疑，他们便把茅焦的包囊打开，急急将里面衣服、财物分掉了。

茅焦来到大殿前，伏在27具尸体上大声呼喊："我是齐国客人茅焦，要上殿进谏大王！"卫兵询问："你为什么事情来进谏啊？你的话是不是和太后的事情无关？"茅焦说："我正是为太后的事情来的。"卫兵说："你看不见这里死人已经成堆了吗？你难道不怕死？"茅焦说："我听说天上有28个星宿，降生到地上，还缺一个，我到这里来，就为凑足这个数。古往今来，哪个圣贤不死？我又为何怕死？"卫兵报告秦王嬴政。秦王嬴政大怒道："这个狂妄齐人竟敢激怒寡人！在殿前烧一鼎开水，把他扔到里边煮烂，让他连个全尸也得不到，看他怎么去凑足28个数！"

秦王嬴政按剑而望，眉毛倒竖，口吐着唾沫，怒不可遏。他走到烧开水的鼎前，想看看这个狂妄齐人到底何样，敢来寻死。

茅焦迈着小步，不肯快走。卫兵喝令他快些，茅焦说："我马上要死了，你就让我多活一会儿吧。"卫兵可怜他，便让他慢慢走到殿前。

茅焦到了沸鼎前，见秦王嬴政在旁，便上前说道："身体健康的人，不忌讳别人说他生病；圣贤君王不忌讳百姓谈论国家兴亡。忌讳别人说他生病，他往往不会长寿；忌讳百姓谈论国家兴亡，国家往往难于生存。生死存亡，是圣明君王所要用心研究的，不知大王您是不是想听？”秦王嬴政虽然暴虐，但雄心勃勃，闻听茅焦此说，脸色稍微缓和了一些，说道：“你有什么想法，说吧。”茅焦说：“忠臣不应当向君王说阿谀奉承的话，圣明君王不能有不理智行为。君王有了悖于常理的行为，做臣子的不指出来，是臣子有负于大王；臣子向君王提出中肯建议而君王不采纳，是君王对不起他的臣子。大王您的行为违背了天伦人理，自己还不知道，我担心秦国从此就会遇到危难啊。”秦王嬴政思索了半天，脸色又平和了一点。

茅焦继续说：“现在天下各国之所以尊奉秦国，不仅仅是因为畏惧秦国强大兵马，也是因为大王您是一位英明勇敢的君王，这就是天下忠良贤臣、威武勇士都聚集在秦国的原因。现在大王您把母后贬于冷宫，是不孝行为；把忠言进谏大臣杀死，陈尸殿前，如同商纣王暴政。如果大王以天下为己任，这些所作所为，怎么能让天下众生信服大王呢？历史上，舜能侍奉愚顽父亲，终成为帝王；商纣王残害比干等忠臣，天下人都起来反对。我今天被大王杀死不害怕，害怕的是我死以后，再没有人像我们28人那样，向大王您进谏了。这样天下对您的怨恨会越来越多，各国就会反叛您。真可惜呀！在秦国统一天下的大业即将完成时候，却败在大王您的手中！我的话说完了，请大王您把我放到鼎里煮死吧。”茅焦说完，就解开衣服朝着大鼎走去。秦王嬴政连忙拉住茅焦，指挥左右说：“把鼎撤走。”茅焦说：“大王您已经把榜文悬挂在殿前，拒绝进谏。如果不杀我，怎么维护您的信用？”秦王嬴政又命左右收起榜文，令内侍为茅焦穿好衣服，请他坐下。

秦王嬴政感谢茅焦，真诚说道：“在你前边那些进谏大臣，只是历数寡人罪过，并没向寡人说明这些国家存亡的道理。上天派你来打开寡人茅塞，寡人怎敢不恭敬听你呢？”茅焦再次向秦王嬴政进谏：“大王既然肯听我的劝说，请大王您赶快准备车马去迎接太后。宫殿前的尸体都是忠臣骨血，请大王您下令收葬。”秦王嬴政马上命司礼官准备 27 具棺木，盛殓殿前尸首，予以厚葬，并派人抚恤遗属。

人生好风景，属于有心人。秦王嬴政亲自坐车去迎太后赵姬回咸阳，并且命茅焦和他同坐一辆车里。闻听茅焦不但没死，反受厚待，客店中那些私分茅焦包囊之人吓得屁滚尿流，赶紧逃出了咸阳。接回太后赵姬后，秦王嬴政封茅焦为太傅。

如果通向成功的道路是正确的，那么你所要做的就是奋勇前进了。向着既定的目标，不要生气要争气，不要看破要突破，不要拖延要奋发，不要心动要行动。没有不老的誓言，没有不变的承诺，踏上征程，义无反顾。

在雅典奥运会女子举重比赛场上，当韩国人张美兰举起 172.5 公斤时，很多中国观众都绝望了，因为唐功红挺举只有超过 180 公斤才有夺金希望。“拼了，举起举不起都是英雄，死也要死在举重台上。”182.5 公斤！唐功红把杠铃稳稳地举在头顶！她成功了，同时打破了女子举重 75 公斤以上级挺举和总成绩两项世界纪录！

自己选择的路，爬着也要把它走完。要不断进取，发扬光大，直至破茧成蝶，收获永远属于耕耘的人。一个人倒下了不是耻辱，真正的耻辱是倒下了不站起来。只要你面对生活勇敢地努力走下去，生活会让你成为最终的赢家。记住，坚持就是胜利！

第11节

赤脚大仙

——跑得更快

埃塞俄比亚位于赤道与北回归线之间，虽然有些山地气候比较温和，但平原、沙漠地区酷热难当，世界上最热的地方就在这里。

1932 年 8 月 7 日，一个叫比基拉的小孩出生了。因家境贫寒，小比基拉从未穿过鞋子。在他 12 岁那年，父母望着他那期盼已久的眼神，咬了咬牙，用仅有的一点钱给他买了一双鞋。这是一双黄色的木板布鞋，虽然它的价钱微不足道，但在小比基拉眼里却是上帝送给他的最好的礼物。

小比基拉挥着布鞋在村子里飞跑，喜笑颜开地向小伙伴们炫耀着。一不小心，小比基拉跌倒了，鞋子飞了出去。等他爬起来的时候，鞋子不见了。在他前面，一个小青年在狂跑。立刻，小比基拉明白是他抢走了鞋。

跟在小青年的后面，小比基拉追了起来，可他怎么能追得上比他大五六岁的一个大孩子呢！追赶中，那个小青年回头举着鞋子朝小比基拉龇牙咧嘴……虽然小比基拉不认识他，但他看得清楚，这个小青年的鼻子上有一颗大大的黑痣。

转眼间，小青年不见了。万般无奈的小比基拉号哭着回到家。那是一双期盼了十年的鞋子呀！还没有穿一下，就让人抢走了！

同以往一样，小比基拉跑步到离家几公里外的学校上学。与以往不同的是，小比基拉跑得更快了。在他心中，他的最大愿望就是要追上那个抢走他鞋子的小青年。

夏天，烈日当空，气温急升，地面如同火炉。人赤着脚走在上面，必须不停地上下挪动，要不然一定会烫出个气泡来。这样的恶劣环境，对于小比基拉来说，已经不是苦，而是成为他磨炼意志、赤脚练习快速长跑的动力。

18 岁那年，长大了的比基拉应招参加了近卫军，当上了埃塞俄比亚皇帝赛拉西一世的宫廷卫士。在部队里，除了站岗放哨和军事训练外，比基拉最大的乐趣就是练长跑。1960 年 9 月 10 日，比基拉参加了在罗马举行的第 17 届奥运会的马拉松比赛。当看到他赤着双脚站在起跑线上，在场的裁判员很为难，因为比赛规则不允许赤脚。最后，大会还是决定允许他赤脚参加比赛。比基拉不负众望，以 2 小时 15 分 16 秒 2 的成绩打破了男子马拉松的世界纪录并获金牌，比基拉成为埃塞俄比亚乃至非洲第一位夺得奥运金牌的运动员。因赤脚参赛，比基拉得到了“赤脚大仙”的美誉。

在 4 年后的东京奥运会前，比基拉做了阑尾切除手术，体力受到严重影响。人们普遍认为，比基拉参赛已属勉强，要想夺魁则更难，但他在比赛中以坚定的信仰和顽强的意志又一次打破了世界纪录，蝉联奥运会马拉松冠军。比基拉成为奥运会史上第一个获得两枚马拉松金牌的运动员。要知道，在东京奥运会马拉松赛跑的前夕，奥委会权威人士曾对记者说：“谁在东京能跑 2 小时 14 分就是大尖子，谁能跑 2 小时 13 分就是天才，谁要是跑 2 小时 12 分，我就找不出赞美的词了。”比基拉的成绩是多少？2 小时 12 分 11 秒 2！当比基拉跑回运动场终点时，7 万观众简直不敢相信自己的眼睛！比基拉夺冠后，信步走到场内草坪上，开始做徒手体操。他的这一举动使观众都惊呆了。他们先是笑了一阵，继而以崇敬的目光看着这位伟大的马拉松选手不知疲劳地表演着。

比基拉成为埃塞俄比亚最有名气的人物之一，全国人都为他而感动自豪。在记者招待会上，有人问已经 32 岁的比基拉为什么会创造奇迹，为什么会不知疲劳地在比赛结束后还做徒手体操时，比基拉深沉地答道："因为我有使不完的力量，因为我有还未达到的目标，那就是追上20年前抢走我的第一双鞋子的那个鼻子上长着黑痣的人。"了解或不了解这段历史的人都禁不住嘘唏长叹！

一周后，比基拉收到了一封信。信中说，他二十年来一直要追赶的那个人名叫莫拉尼，现就在首都亚的斯亚贝巴附近的监狱里。

第二天，比基拉赶到了监狱。在狱长办公室，比基拉见到了莫拉尼。莫拉尼穿着囚服。比基拉一眼就认出了他就是20年前抢走他鞋子的那个人，因为他鼻子上的痣非常明显！

沉默了一会儿，比基拉问道："信是你写的吗？"

莫拉尼说："是的。监狱把你的事迹当成教育材料，你在记者招待会上的回答，我第二天就知道了。"

比基拉又问道："当时，你为什么要抢我的鞋？"

莫拉尼说："我也没穿过鞋，当时我看见你手中拿着鞋，心里特别不是滋味，就制造了一起抢劫事件，虽然那双鞋我穿不上。"

比基拉问："你是因为什么被捕的？"

莫拉尼说："我又犯下了第二次、第三次……抢劫案件，直到有一天，我跑不掉了，便被送到这所监狱。"

比基拉又问："你承认20年前的抢劫事件，不怕加重对你的处罚吗？"

莫拉尼说："你是全埃塞俄比亚人的骄傲，我不能为了我自己的得失而让你继续不快和怅然有失！"

比基拉听后，心中无比感慨。他想，同样是穿不起鞋子的穷人，一个走上峰顶，一个跌入低谷；一个有得有失，一个有失有得。

经历了漫长20年，终于"追"上那个抢鞋人的比基拉继续发愤图强。可不幸的是，1969年比基拉因车祸致残，1973年10月25日与世长辞，年仅41岁。埃塞俄比亚政府为这位民族英雄举行了隆重的追悼会，参加葬礼的人多达7万。1987年国际田联庆祝成立75周年之际，将比基拉 1964 年东京奥运会蝉联马拉松冠军之事，评选为世界田坛 75 年来“100 个金色时刻”之一。

守住品德、跑得更快，是时代的召唤，是迈向成功的正途。

草原的夜幕下，一头狮子在沉思：当明天太阳升起，我要拼命奔跑，追上跑得最快的羚羊。与此同时，一只羚羊也在琢磨：当明天的太阳升起，我要拼命奔跑，逃脱跑得最快的那只狮子的追赶。这虽是寓言，但告诉人们，在竞争激烈的今天，你要跑得更快。

比别人跑得更快，不仅仅是对其解决生存问题的要求，更是对其以后的发展和前进提出的战略性要求。比别人跑得更快，你才能更具优势，才能永远站在时代的潮头，才能站得高看得远，才能不畏对手，不怕追赶，胜人一筹。我们要让胸中的信念之火燃烧得更旺，在前进的道路上跑得更快。我们要把最主要的精力放在干实事上，当然还要管好自己，任何时候都要守住人生的道德底线，努力去做一个有品位、有境界、有人格的大写之人。我们在努力提高能力素质的同时，只有不断加强品德修养、提高思想境界，才能真正跑得更快更稳、飞得更高更远。

第12节

沙钟的价值

——放对位置就是宝贝

沙钟是古代一种计量时间的仪器，它的制造原理与漏刻大体相同，是根据流沙从一个容器漏到另一个容器的数量来计量时间。当现代时钟问世后，沙钟已完成了它的历史使命，但有位叫作西村金助的小商人却把这个古董“挖”出来进行生产销售。

这个西村金助原本是个穷人，在身无分文时他常常坚信自己总有一天会成为富翁。他喜欢读书，喜欢思考，他知道天上掉不下馅饼来，便四处筹资办起了一家沙钟厂。之所以独辟蹊径投资沙钟产业，是因为他在历史书中无意间获取了沙钟知识，他觉得古老的沙钟在当代市场上也应该有一席之地。未曾想，当大批沙钟生产出来后，几乎无人问津。因为沙钟单调、沉闷、计时不准确、生产成本高，不管是大人还是孩子都对它兴趣不大，这与西村金助的预测完全相反。在坚持了半年后，西村金助的企业面临破产的境地。

虽然企业不景气，但西村金助的兴趣不衰减。闲暇之时，他继续大量阅读各类书籍，以此来唤起自己的热情和灵感。一天，他在翻阅一本关于赛马的书籍时，不经意间被书上的一段文字所吸引，上面写道：“马匹在现代社会里失去了运输的功能，但它又以娱乐价值的面目出现。”就是这样一小段话，触发了西村金助发明创造的神经。他欢呼雀跃，因为他找到了沙钟的利用价值。

西村金助的工作热情重新振奋起来，他花了几天时间对沙钟进行了重新设计，把一个新的沙钟成功嫁接到电话机上。当人们拿起话筒通话时，电话机上的沙钟便开始计时，“一个回合”正好是3分钟。安装在话机上的沙钟不但提醒通话人注意节省通话时间，而且还消除眼疲劳。这样，“沙钟电话机”不仅具有了降低电话费的经济价值，而且还具有了古董玩具的娱乐价值。即使不打电话，这个新奇东西也成为了办公室和家庭的靓丽装饰品。看着“沙钟电话机”里面的小沙子点点滴滴落下来，现代生活里的紧张气氛立刻轻松了许多。

该产品问世后供不应求，即将倒闭的小作坊很快变成一个大企业，西村金助也从一个小业主摇身一变成为了腰缠万贯的富豪。

宝贝放错位置就是废物，废物放对位置就是宝贝。我们处在世上，不要怪罪市场，不要埋怨社会，不是产品没有价值，不是我们没有水平，或许是因为产品没有找对路子，或许是我们没有找准位置。我们应该像西村金助那样多读书，多思考，去不断聆听新机遇的敲门声。

马克·吐温是美国批判现实主义文学的奠基人，世界著名的短篇小说大师，被誉为“美国文学中的林肯”。这只是阳面，马克·吐温的阴面是生意场上的一败再败。商海波诡云谲，令多少英雄豪杰折戟沉沙，杰出的马克·吐温就是其中一员，并且一直败到58岁。看马克·吐温的屡败史，相信你会有许多感触。

马克·吐温热衷风险投资，曾花重金收购了蒸汽滑车、煤气装置等名目繁多的发明专利。开始都是推荐人吹得天花乱坠，结局都是马克·吐温血本无归。最落魄的时候，马克·吐温连个住处也没有。马克·吐温对高科技公司情有独钟，不能不说是眼光独到，可惜这些高科技公司都是经过包装的，实际上属垃圾一类。屡屡失败，令马克·吐温伤透了心，发誓永远不在“新奇玩意儿”上浪费金钱了。以致真正的绩优成长股到来时，他却失之交臂。

1877年，一位年轻人使出浑身解数，出价25元一股，向马克·吐温推销一个小型电话公司的股票，马克·吐温自称是烧过的孩子怕火，坚决不受诱惑。

“我并不指望巨额投资，”年轻人说，“只要500美元，您就可以拥有一大笔股份。”想起自己刚发过的誓言，马克·吐温还是摇了摇头。失望的年轻人只好起身告辞。看着他的背影，大作家不由心生怜悯，“喂！”马克·吐温在客人身后叫了一声。他想买下年轻人推销的股票，反正只有500美元，可话到嘴边又溜回去了，为了掩饰，他马上改口说：“你叫什么名字？”

“贝尔，”年轻人回答，“亚历山大·格雷厄姆·贝尔。”

“再见，贝尔，祝你好运！”马克·吐温关上了房门，心想：“谢天谢地，我总算理智战胜了情感，没向贝尔电话公司投资。”

贝尔出来后，转向马克·吐温的邻居。这位年老的纺织工人爽快地买下了500美元的股票。马克·吐温听说后，暗暗可怜这位急于发财的傻瓜。

话说一年半后，马克·吐温从欧洲回到美国。他看到的第一件事便是那位纺织工人坐着豪华的四轮马车到处转悠，身穿制服的仆人在旁伺候——贝尔电话公司股票让他发了大财。短短的时间内，贝尔电话公司以其势不可挡的猛劲从呱呱坠地发展成一家大公司。所有给这个新产品投资的人，日后都成了百万富翁。

受此刺激，马克·吐温心酸地写道：“愚蠢的没有经验的人往往得到不相配的成功；有知识、有经验的人往往失败，这个世界真是怪啊。”

诚然，马克·吐温的阴面处处多舛，但他的阳面却令人钦佩。许多人认为58岁垮掉的人，98%的再也站不起来了。然而58岁破产的马克·吐温坚持一分一毫的欠债都要偿还。从此后，马克·吐温专心写作，仅仅用了三年时间就还清了债务。他兴奋地写道：“我付出金钱的快乐，比我收入金钱的快乐更大呢。”宝贝放错了地方便是废物。马克·吐温的屡败史告诉人们要学会经营自己的长处。

人们一定要认清自己，如果没有把自己放对地方，就会像毛驴拉磨一样，虽然周而复始，但却无法改变命运，一生也就此碌碌无为。

古话说："人贵有自知之明。"自知之明，这是人们对自我认识的正确态度，是成功者的重要经验之一。自知能使人明辨自己在群体中的位置和与他人的关系，自知能使自己清醒处事，冷静评价个人的能力，能够促使自己更为贴切地把握个人的抉择，并有效地进行自我设计和自我训练。人有了自知，就能明察自我，正确审视自我，充分发挥潜能。

俄国作家列夫·托尔斯泰年轻时，曾经无所事事。后来，在朋友的帮助下，他反躬自问，认识到自己身上的种种缺点，逐步克服了自己的弱点，潜心写作，先后创作了《战争与和平》《复活》和《安娜·卡列尼娜》等名著，成了著名的作家。

如果对自己的形象和身体、品德和才能、优点和缺点、特长和不足、过去和现状以及自己的价值和责任，都有一定的认识，那么一生都将受用无穷。反之，则会走向成功的反面。正确认识自己的优缺点，发扬优点，改正缺点，方可让才能得到最大限度的发挥。

不能客观评价自己的能力，过高估计自己，就会使自己眼高手低，好高骛远；过低估计自己，就会自卑消极，不求上进。二者都不能使自己的才能得到正常发挥，不能使自己释放出最大的能量。

第13节

王玄策传奇

——智谋是成功要素

话说唐朝初年，与大唐相邻的印度半岛上有五个国家：中天竺、东天竺、南天竺、西天竺、北天竺，其中以中天竺最为强大。仅用了几年的时间，中天竺国王尸罗逸多便统一了印度半岛，建立了摩揭陀国。尸罗逸多何许人？玄奘，也就是民间传说的唐僧，在《大唐西域记》中称其为戒日王。戒日王胸怀大志，朝气勃勃。为了与大唐建立友好关系，戒日王派遣使者，向唐朝进献火珠、郁金香、菩提树。此时正值唐太宗李世民为帝，雄才大略、意气风发的李世民从外交礼仪和大国风度着眼，随即派遣使者回访。

公元647年，王玄策、蒋师仁一行30人上路了。王玄策，右卫率府长史，正六品，担任本次使团的正使；蒋师仁，县令，正七品，担任王玄策的助手。

迎着灿烂的阳光，王玄策心生无限感慨。四年前，王玄策跟随卫尉寺丞上护军李义表出使西域，受到戒日王的隆重接待。如今，自己由副使提为正使，重又率团出访，定会再次受到戒日王的热情迎接。傲然回首，王玄策心中热血沸腾。

短短几个月过去了，大唐使团闯险过关，跋山涉水，历经千辛万苦，终于来到了摩揭陀国。

王玄策停下马来，与蒋师仁一起再次检查了他们携带的贵重礼品：

从大唐带来的特产珍果、草木以及路经各国进献的金银、奇物，这其中有罽宾国送来的俱物头花，其花丹白相间，而香远闻；还有西番胡国所产的石蜜，尝一口，三日不忘。

很快检查完毕，礼品完好无恙，王玄策松了一口气，不厌其烦地叮嘱随从一定要严加保管，确保平安无事。

大唐使团飞快地朝摩揭陀国首都进发。王玄策没有想到的是：就在大唐使团踏上摩揭陀国境时，戒日王暴病而死，这位42岁的一国之主并无子女，大臣们为了争夺王位，战争纷起，国内大乱。经过一番殊死争斗，大臣阿罗那顺靠阴险毒辣手段成为新王。做贼心虚的阿罗那顺一方面心胸狭窄，惧怕大唐来使；另一方面鼠目寸光，贪图使团携带的贵重礼品，便派了2000兵将伏击大唐使团。王玄策等仅30人，虽奋力苦战终因寡不敌众被擒下狱，所携物品尽被阿罗那顺掠夺。

看着眼花缭乱的金银财宝，阿罗那顺不由地窃喜，心想：大唐远在万里，消息不通，交通不便，既不知道使团被袭，更不可能发兵来打；王玄策只是一个小小的文官，如今身陷大牢，死期不远……想着想着，阿罗那顺得意地笑出声来。

再说王玄策与蒋师仁。经过一番搏斗，30人的使团如今仅剩下王玄策、蒋师仁等七八个人了。从被袭到现在，王玄策等人先是震惊，再是悲哀。震惊什么？自古就有“两军交战不斩来使”之说，况且他们还是友好往来。悲哀什么？一悲是有辱大唐使命，二悲是自己生死不明，三悲是对不起死去的20多位弟兄。震惊、悲哀过后，王玄策心生一丝期望。期望什么？期望脱离险境，惩治敌人。从看押敌兵嘴中，王玄策等人得知摩揭陀国的政变及大唐使团被袭的原因。王玄策心想：既然阿罗那顺抢劫财物，说明摩揭陀国不乏贪财枉法之徒，现在自己身上仅有的一件财物就是一条镶金腰带，由于它系在腰中，有布缠绕，所以没被乱兵搜走。王玄策又想：自己要想脱离险境，看来就要依靠这条腰带了。

牢窗外，一队队看押士兵在巡逻。从服饰上，王玄策判断那位两眼深陷、胡子黑白相间的军官是这儿的头目。当这个头目走近时，王玄策把金腰带双手捧过去。头目笑哈哈地从窗外伸手拿过去。

王玄策用不流利的印度语说：“离这儿不远，还有更多的财宝，那是我上次出使贵国时密藏的，我想把它们全都呈给尊贵的将军。”闻听此言，黑白胡子军官贪心顿起。

同一牢房的蒋师仁立刻明白王玄策的用意，也帮着他打圆腔。蒋师仁说：“我们把宝物献给您，只求您给我们一点烤肉吃、一杯开水喝，我们吃不惯这里的菜糊、喝不了这一桶桶生水。”

在王玄策、蒋师仁两人的“双簧”忽悠下，黑白胡子军官动心了。在一个漆黑夜晚，黑白胡子军官偷偷带他们俩出去取宝。

到哪儿取？根本就没地方取！一出牢狱，王玄策就与黑白胡子军官摊牌了：“你知道吗？这位蒋校尉是武林高手，你打不过他。就算你能杀掉我们，你也摆脱不了私放牢犯、滥杀使臣的死罪。嘿嘿，假若你把我们重新押回牢房，别怪我不客气，我会说你把我的私藏珠宝吞到了你的肚子里，把我的私藏金条投到了恒河里。阿罗那顺知道后，要么剖你的肚子取宝，要么把你投到恒河喂鱼。现在，如果你明智的话，就让我们各自逃命。”突然间冒出这番意想不到的恐怖话语，把黑白胡子军官吓得面无血色，呆若木鸡。

王玄策是聪明人，趁着黑白胡子军官六神无主之际，拉着蒋师仁立刻远去。

两个异国人士，与土著百姓相貌迥异，且身无分文，怎么离开摩揭陀国？此时，王玄策想到了戒日王之妹奈纳。在上次出使印度时，奈纳陪同戒日王接见了大唐使团，与王玄策相识。王玄策知道奈纳对大唐是有感情的，估计对阿罗那顺是仇恨的。别无他法，王玄策与蒋师仁冒险拜访奈纳。果不出所料，奈纳倾力相助，派专人驾驶双轮马车，送王玄策、蒋师仁逃命。

王玄策是个敢爱敢恨、快意恩仇的男儿，他没有逃回大唐，而是渡过甘第斯河和辛都斯坦平原，以喜马拉雅山脉为目标，一路来到吐蕃国。

吐蕃是大唐属国，六年前，吐蕃王松赞干布迎娶唐朝文成公主。唐与吐蕃关系极为友好。

王玄策对松赞干布和文成公文说："天竺动乱，袭击唐使，是挑衅大唐，也是蔑视吐蕃，因为谁都知道大唐与吐蕃血肉相连，亲如一家。"

松赞干布说："天竺乱臣贪财忘义，凶恶跋扈，必遭天诛。"

王玄策说："陛下说得对，为了维护大唐和吐蕃尊严，请您发兵惩罚天竺乱臣。"

看着文成公主的企盼眼神，松赞干布沉思片刻后，答应派出1200名精兵，同时修书一封，让王玄策、蒋师仁二人到属国尼泊尔借取更多的兵将。

到了尼泊尔，王玄策舌绽莲花，恩威并施，说服了老国王，借得尼泊尔全部兵力7000骑兵。

有了这支近万人的军队后，王玄策信心十足。他自为总管，以蒋师仁为先锋，直扑摩揭陀国的中天竺。

在中天竺的茶博和罗城外，王玄策利用地形，巧布"火牛阵"，一举摧毁前来救援的7万战象部队。阿罗那顺大惊，守城不出。王玄策一心报仇，拿出唐军攻城的各种手段——火攻、云梯、抛石，猛攻月余，茶博和罗城兵溃城破。王玄策一路追来，共杀敌数千，溺毙1万，俘虏数万，阿罗那顺侥幸暂时逃跑。

不知天高地厚的阿罗那顺，收拾散兵游勇妄图反败为胜。王玄策巧设伏兵，引诱阿罗那顺上钩，然后一举全歼来敌，活捉了阿罗那顺。

阿罗那顺王妃及王子聚集残兵败将妄图凭借恒河据守。王玄策派蒋师仁率兵出征，背水一战，生擒阿罗那顺王妃及王子，俘敌1.2万余人。远近城邑望风而降，摩揭陀国的主要子国家中天竺灭亡。

在攻打中天竺的过程中，王玄策救出了狱中的那五六个弟兄，杀掉了抢劫财宝的叛臣乱兵。那个遭王玄策恐吓后落魄逃难的黑白胡子军官见唐使神力无比，便自投罗网，将王玄策的镶金腰带奉还原主。

摩揭陀国的其他子国家东天竺、南天竺、西天竺、北天竺等，见中天竺被大唐剿灭，忙送牛马、弓刀、财宝若干，向王玄策谢罪，表示臣服大唐。自此，大唐威震印度半岛。可谓王玄策三战定天竺。

全面胜利后，王玄策押着阿罗顺那，罢兵回朝述职。回朝后，献给唐太宗什么礼品？王玄策在西域就动了一番脑筋。他除了收回被阿罗那顺派兵抢劫的各国进献礼品外，还专门聘请了天竺方士逻迩娑婆寐。这个天竺方士能干什么？据说能炼制长生延年之药。在摩揭陀国，这个逻迩娑婆寐的名声可以与戒日王相提并论。

在长安城的大街上，王玄策骑着高头大马，行进于队伍的前列。在他的身后是僧人打扮的逻迩娑婆寐和戴着枷锁的阿罗那顺。街道两旁挤满了看热闹的民众。

有的说："王玄策真是了不起啊！唐人气节和大唐强盛被王玄策演绎得淋漓尽致，堪称天下第一使！"

也有的说："王玄策立下了盖世奇功，可惜千虑一失啊，带了个祸害——天竺方士逻迩娑婆寐，要知道，世上哪有长生不老之药呢？"

民众见仁见智，但此时王玄策成了凯旋的英雄，是毫无疑问的。

唐太宗李世民召见王玄策等人。听完王玄策的详细汇报后，李世民内心一阵阵地兴奋。怎能不高兴呢？几乎没用大唐一兵一卒，就无缘无故地多了几个臣服大唐的小国。李世民下诏封赏王玄策，授其为散朝大夫。蒋师仁等人也是皆有封赏。至于阿罗那顺，虽然是"拒绝天使，罪应加诛"，但在唐太宗的意外惊喜情绪影响下，最后还是被赦免，但唐太宗没忘记嘲笑阿罗那顺："摩揭陀国的首领呀，如果你不抢劫我的使臣，能被俘虏到此吗？哈哈哈。"

除此外，太宗皇帝专门下令为这个来自天竺的方士建立炼丹房，由兵部尚书崔敦礼亲自服务。只要是逻迩娑婆寐所需求的，无论是多么稀奇的东西，都要不惜一切代价去搞到手。

几个月后，"长生不老药"炼成，李世民立刻服下，可随即得了重病，不久后驾崩。中国历史上最伟大的帝王之一，就这样糊里糊涂地结束了人生。时间正好是王玄策归国一年。在唐太宗的豪大陵墓前，特意刻了阿罗那顺的石像，列于玄阙之下。

民众的猜度，有时是有一定依据的。王玄策因此受到些许牵连。或许因为迷信长生是当时一种社会大环境，逻迩娑婆寐和王玄策虽有导致唐太宗早死的责任，但当时的朝廷还意识不到这一点，即使有人弹劾，太宗驾崩后政治一度紊乱的唐帝国也不能全怪他们。最后处理决定是：把逻迩娑婆寐遣送回摩揭陀国；王玄策既不受处置，也不被提拔、不被宣扬。从此，王玄策与幸运告别。对他的评价一下子从"独自一人平定天竺"的顶峰跌落到"阴谋害死太宗皇帝"的低谷。

王玄策成了一把无用武之地的宝剑，被朝廷抛弃后，任其生锈，至于在此后1000多年的时间里，世人未对这柄曾经闪烁夺目光芒的引起应有的关注！

让王玄策沉沦的是他的无知，当然这无知有一定的时代背景。让王玄策建立辉煌功绩的是他的智谋。智谋，古时需要，当今也需要。智谋是智慧和谋略的妥善结合，对于事物的变化有着敏锐的判断力，驱使事物向有利的方面发展。

在通往成功的道路上，我们随时会面对各种各样的阻碍，你一定知道它们的存在，但是你可能并不知道究竟应该如何去对待它们。只有透彻领悟关于成功的智谋，我们才能获得真正的利器，并利用这些利器去清除成功道路上的障碍，开辟属于自己的天地。智谋，是通向成功的要素。

像王玄策这样思维机敏的人，他的灵气可以万变，而不会在问题突然到来时感到困窘。事情的变化是不能停下来的，只有过人的机敏，才能躲避灾害，获取利益，成就事业。历史就像一面镜子，记录着人类社会的成功与失败、兴盛与衰退、辉煌与悲怆、交替与更新，更预示着人类的未来。古往今来的有识之士们无不注重从历史中汲取营养，从历史的兴衰演进中体会生存智慧，从历史人物的叱咤风云中感悟人生真谛和成功的哲学。读一读大唐第一使王玄策的历史智慧故事，感悟前人的人生经验及智慧闪光，让自己适应这个当今社会，是人们亟须做好的功课。流传千载的经典历史故事，今天仍能启发我们的心智；千百年前的古人智慧，今天仍能赐予我们力量！

第 14 节

巨额财运

——好运等待开发

春秋时期，楚国有一个人叫卞和，在荆山里得到一块璞玉。卞和捧楚武王芈通哥哥着璞玉去献给国君。当时国君是芈眴。芈眴命令玉工查看，玉工说这只是一块普通石头。楚君芈眴大怒，以欺君之罪砍下卞和的左脚。等到芈眴死去、楚武王即位，卞和再次捧着璞玉去见楚武王。楚武王又命玉工查看，玉工仍然说只是一块普通石头，卞和因此又失去了右脚。楚武王死，楚文王即位，卞和抱着璞玉在楚国王宫前痛哭，哭干了眼泪后又继续哭血。楚文王得知后，派人询问为何，卞和说：“我并不是哭我被砍去了双脚，而是哭宝玉被当成了石头，忠贞之人被当成了欺君之徒，无罪而受刑辱。”楚文王闻报后叹道：“是玉还是石头，剖开就知道了。”玉工剖开这块璞玉，果真是稀世之玉，楚文王就命名为和氏璧。

和氏璧的价值，想必人人皆知，可是在当初，几代楚王都认为是普通石头。

百里奚饱读诗书，才学过人，历经宋国、齐国等国家，因为朝堂里无人，都没有得到录用。在齐国，百里奚还陷入困境，一度沿街乞讨。百里奚到了 70 岁的时候，还在楚国养马。

秦穆公听说百里奚是个难得的人才后，便对大臣们说：“寡人向天下求才，是为了强我秦国。百里奚这个人才，秦国不能丢了。”秦穆公说完，就要送礼物给楚成王，请他把百里奚送回来。

大臣公孙嬴枝奏道："这可千万使不得。楚人叫他养马，因为不知道他有本领和人品。要是君主这么去请他，分明是告诉楚王要重用他。这样的话，楚王还能放他到这儿来吗?"

秦穆公说："这倒也是。"就派人依照一般奴隶身价，带了五张黑公羊皮，去见楚成王，说："敝国有个奴隶叫百里奚，他犯了法，躲在贵国，请让我们把他赎回去，好办他的罪，以告诫那些想逃跑的奴隶。"楚成王叫人把百里奚逮住，装上囚车，交给秦国的使节。

百里奚到了秦国都城雍城，公孙嬴枝就来迎接他。嬴枝告诉百里奚，秦穆公视人才比什么都重要。百里奚于是整整衣冠，前去拜见秦穆公。

秦穆公定睛一看，见百里奚是个头发胡须皆白的老头，便叹了一口气说："唉，可惜老了!"百里奚答道："君主要是让我去逐飞鸟、搏猛兽，我是老了。要是让我坐下来商议国家大事，那我比姜太公还小很多呢!"秦穆公觉得他的话有道理，就跟他聊起来。越聊越投机，越聊秦穆公越觉得他是个了不起的人物。百里奚的话，句句说到秦穆公的心坎上。一连谈了三天，秦穆公认定百里奚就是自己苦苦寻觅的千里马式人才，当即拜他为上卿。在百里奚的帮助下，秦穆公一跃成为了春秋霸主。

有许多好宝贝，不被人们识货；有许多上等人才，不被当权者所赏识。我们不说历史，单说当今社会。

1991 年的一天，美国加州圣博纳迪诺的退休司机特里·霍顿在大街上闲逛。一不小心，她走进了一家二手商品专卖店。店主礼貌性地请她在店中小坐，并顺便介绍休息椅旁边的一幅喷漆油画。看上去，这幅油画实在不怎么"美观"，画布上只是些纵横交错的抽象线条，看不明白描绘的是什么，可以说是一幅杂乱无章的涂鸦之作。虽然该画"丑陋"，但店主仍不失时机地向霍顿介绍："虽然油画难懂，但尺寸很大，光这漂亮的画框就能卖上几美元。如果你想要，我只售 7 美元。"虽然霍顿是无意间来到这家二手商品店，但禁不住店主的热情推销，最后以 5 美元成交。霍顿找了辆卡车，把这幅画运走。她想把它送给她的朋友斯米·莉诺女士，因为她爱好美术作品。

不一会儿，卡车就开到莉诺的家前。不料，莉诺的家门狭窄，油画进不了室内，霍顿只好把油画带回家。临离开莉诺前，莉诺还有其他几位朋友向霍顿说这幅画一点儿艺术价值也没有，还好，价格不高，仅仅是个画布加画框的钱，如果用它来做镖靶还是蛮合适的。

说者无心，听者有意。霍顿感到莉诺等朋友嘲笑她没有眼光。回到家后，霍顿便把这幅“不值一提”的油画放到杂货仓库里，准备改天用作镖靶。

几天后，莉诺等爱好投镖的朋友来到霍顿家做客，霍顿购买的油画要“派上用场”了！不过，当时她们酒兴一起，都喝醉了，油画逃过了厄运。此后，这幅画被束之高阁，完全被人遗忘了。

15 年后，霍顿清理杂物，猛然发现了这幅画。霍顿嫌它占用仓库空间，便把这幅画搬出来，委托给一位朋友出售。令霍顿和代销者没想到的是，加州大学的一位美术教授碰巧看到了这幅画并对它产生了极大的研究兴趣。教授经过一番考证说，这幅画出自波洛克之手。

“波洛克是谁?”霍顿听说这 消息时，竟然反问。

波洛克是谁？已经去世的美国画家波洛克是美术抽象表现主义的先驱，20 世纪最有影响力的艺术家之一。一幅以同样手法创作、名为《No. 5，1948》的油画，刚刚售出了 1.4 亿美元的天价，成为人类历史上最为昂贵的画作。其独创的“滴漏式画法”，一度风靡世界，成为美术新浪潮。细看波洛克的画，人们会发现里面蕴藏着一种“难以言表的吸引力”。

经过细致鉴定，这幅画确是波洛克真迹，因为画上留下的指纹跟波洛克画室油漆罐上的指纹相同。这幅画之所以会流落到这家二手商品店，可能与波洛克的兄弟曾居住在这个地区有关。有人估价，这幅 5 美元购得的油画价值在 5000 万美元左右！用 5000 万除以 5，那是 1000 万呀！在“1”的后面是整整 7 个“0”。

幸运女神好像异常偏爱霍顿，把巨额财运赠给她，并且让她扔都扔不掉。如今，霍顿与这幅名画之间的故事已被拍成纪录片，在纽约等地公映。

霍顿的独特经历让人们再次想到命运这个话题。其实，不只是霍顿，上天同样把许许多多的这样那样的财运、官运、福运等好运气送给世人，只不过与霍顿不同的是，分量没那么大。这些各类好运有些已经被发现，有些还像这幅名画一样曾被放在“杂货仓库”里！赶紧回去检讨一下自己的尘封已久的记忆吧，因为那里有很多好运等待去开发。

第 15 节

冠军秘笈

——知彼知己，百战不殆

看过许多次赛车场景，我们知道赛车手有着娴熟的驾技、快速的行动、灵活的反应和冒险的精神。在我们的意识里，他们为了夺得好名次，必须全神贯注地“拼命”往前冲，才能够获胜。不过，如果听到一位赛车冠军的演说，我们就知道之前的见识之浅陋。

当电视主持人问赛车冠军的成功秘笈时，这位冠军作了一番解说，主要意思有这么几条：一是当他的赛车要赶超另外一部车子时，这位冠军首先要弄明白这位赛车手的弱点。为此，他必须拖后一段距离，看他如何动作。有时候不只是落后对方两三个车长的距离，也许是五到十个车长的距离，虽然全部赛程仅仅只有那么几十里。落在对方后面以后，这位冠军就可以细细地观察对手的长处和弱项。二是迷惑对方。有时候这位冠军会对其他赛车手施加一点压力，看对方什么反应，然后他又落后一点，让对方多一点自信，让对方的安全感再增加一些，得胜心再强一些，也就是让他麻痹松懈。经过一番迷惑，其他赛车手搞不清自己占了多少优势，也弄不清这位冠军实力如何，因此陷入头脑混乱状态。大多数的人会在思维混沌、错误认为自己占了优势的情况下被人击败。三是等到他要超越其他赛车手时，这位冠军就让自己进入最有利的超越位置，非常冷静地让车速达到极致，并且还要忘掉速度、跑道、赛车和其他赛车手。一般人认为这样超车很危险，但他这样做不仅超越了前面的赛车，而且还会让对手感到莫名其妙。四是当他追上其他赛车手后，冠军就只领先他一点点，很少的一点。虽然只有一英尺，但他绝对追不上，因为在转弯处只有这么一条车道。其他的地方都已被轮胎压得一片泥泞，容易打滑。假若其他赛车手想进入同条车道时，这位冠军就会轻易占住转弯处，任凭对手怎样努力也超越不了这位冠军。当然，其他赛车手会想方设法超越这位冠军，但这位冠军早已观察出他们的弱点，有针对性地予以一一阻止了。

细致地听完这位赛车冠军的演说后，你会第一次知道他们不只是在较“劲”，而且是在较“智”。知彼知己，欲擒故纵，攻击薄弱，迷惑对手，这些兵书上的策略被这位赛车冠军发挥得淋漓尽致。因为这，所以他成为了冠军。而我们更加懂得了天外有天，山外有山。其实，不只是赛车，在各行各业中，凡是像赛车冠军这样有勇有谋、有进有退、有胆有识、有我有他的人，都是百战不殆的，也是最难击败的。

在《孙子兵法·谋攻篇》中说：“知彼知己，百战不殆；不知彼而知己，一胜一负；不知彼，不知己，每战必殆。”这句话的意思就是：在军事纷争中，既了解敌人，又了解自己，百战都不会失败；如果不了解敌人，只了解自己，胜败的可能性各占一半；既不了解敌人，又不了解自己，就会百战百败了。

不仅仅是古今中外许多军事家推崇“知彼知己，百战不殆”这一规律，它作为一种智慧，一种决策制胜方略，同样适用于社会生活的各个领域，特别适用于当前的这个竞争激烈的社会。

你妈妈知道你放杯里多少个冰块吗？不知道，可是，可口可乐公司却知道！可口可乐公司经过深入细致的调查，知道人们在每杯水中平均放 3.2 个冰块，每人平均每年看到该公司的 69 条广告。麦当劳公司通过市场调查，准确地知道，在某个国家，每人每年平均吃掉 156 个汉堡包，95 个热狗。可口可乐公司、麦当劳公司之所以能成为闻名遐迩的跨国公司，原因之一是他们真正做到“知彼知己”。他们对消费者有关情况的了解，竟然超过了母亲对儿女的了解。有的甚至是连消费者本人都不知道或者从来没有了解过的东西或事情，他们却了解得一清二楚，几乎是毫厘不差！

据说，在围捕大型动物时，狼群一般都要跟踪观察好几天，等到这些动物们吃了足够多的食物时，它们才开始袭击，因为这时候这些动物根本跑不快，抵抗能力也下降了许多。在每次攻击前，狼都会去了解对手，而不会轻视它，因此，狼在攻击中就会很少有失误。

第 16 节

话说诚实

——大智不愚的品格

诚实，是大智不愚的交际品格。举例说吧：一个诚实的人与他人合伙做生意，分成时，他满可以私吞 1000 元，但他没有这样做，他把这 1000 元拿出来同合作伙伴平分。表面看，他亏了 500 元，但他得到的远比失掉的多，因为他得到了信任，特别是旁观者的信任。凡是知道了这件事的人，有生意可做时，不是都会想着找这诚实的人合作吗？信任是黄金，诚实的人因为诚实，可能丢掉眼前的利益，但他却得到了信任这个黄金。有了它，还有什么事办不成呢？

当年深圳有一个从农村来的妇女，起初给人家当保姆，后来在街头摆小摊儿，卖一个胶卷赚一角钱。她认死理，一个胶卷永远只赚一角钱，生意越做越大，后来买了不少房产。再后来，她开一家摄影器材店，还是一个胶卷赚一角钱，批发量大得惊人，据说深圳搞摄影的没有不知道她的。有一次，一个外地人的钱包丢在她那儿了，她花了很多长途电话费找到失主。有时候，算错账多收了人家的钱，她便急急忙忙地找到人家还钱。听起来像雷锋，可赚的钱不得了。在深圳这块人精成堆的地方，这个妇女靠诚实这个简单的处世哲学打败了复杂的东西，不但使自己站稳了脚跟，而且使生意蓬勃发展。

宋朝有个叫王拱辰的人，自幼家境贫寒，很小的时候父亲就去世了。王拱辰是长子，和母亲一起挑起了家庭的重担。王拱辰孝顺母亲，生活俭朴，诚实守信，常受乡里人夸奖。王拱辰还喜欢读书，而且非常刻苦，经常是天不亮就起床，甚至是半夜醒来也要翻一翻书。通过多年的努力，十几岁就已经能写一手好文章，于是就参加了乡试和会试，成绩都很优秀。天圣八年，王拱辰到京城参加宋仁宗亲自主持的殿试。宋仁宗认真审阅了每一个考生的考卷，发现王拱辰的文章立论新颖，见解独到，文笔流畅，没有人比得上他，于是就把王拱辰定为状元。王拱辰知晓后，不但没有谢恩，反而向宋仁宗奏道："陛下，小生不配当状元，请皇上您把状元判给别人吧。"听到的人议论纷纷，科举考试这么久了，从没听说哪个人把到手的状元往外推，这真是天下奇闻。宋仁宗听了也很纳闷，就询问原因。王拱辰说："陛下，我也是十年寒窗苦读，做梦都想中状元。可是这次考试的题目不久前我刚好做过，所以被选上状元是侥幸。如果我默不作声当上了状元，我就是个不诚实的人。从小到大我都没有说过谎话。我不想为了当状元，就败坏自己的节操。"宋仁宗听了，非常受感动，特别赏识王拱辰的诚实，认定他将来一定会成为国家的栋梁之材，于是说道："此前做过考题，是因为你勤奋，况且从你的文章里可以看出，你表达的是自己的真实想法，理应选为状元。再说，你敢于说真话，能够诚信做人，这才是一个堂堂状元应该具有的品质，你的诚实比你的才华更可贵，因此，朕一定要选你做状元，你就不要推辞了。"就这样，王拱辰成为历史上有名的诚信状元。他在朝中做官 55 年，以自己诚信正直的品格，得到众人的尊敬。

林肯早年是个小镇店铺里的伙计。他对不义之财，"分文不取"；他对钱财来往，"分文不差"。有一次，一位顾客多付了一个小银币，晚上他步行几英里，去把这点微不足道的钱送还。由此，他获得了"诚实的阿伯"的美誉。这个美誉，帮助他赢得了人民的信赖，后来他成为美国一名优秀的总统。

麦道飞机制造公司的前身，是道格拉斯公司。它是由唐纳德·道格拉斯于 1921 年创建的，开始时主要生产运输机和军用飞机。二战以后，唐纳德开始考虑研制大型民航客机。当时他很想得到东方航空公司的一批订单，但以民航客机为主业的波音公司也盯上了这块肥肉，竞争可想而知。两家都拿出了最佳的设计方案和最优惠的价格。道格拉斯公司提出的方案和波音公司提出的方案，无论是经济适用还是安全性能都旗鼓相当，但道格拉斯公司略有不足，那就是飞机噪音指数偏高。东方航空公司的主席是埃迪，一个经历过二战的老飞行员，他对道格拉斯公司生产的战斗机一往情深，因此私下对唐纳德说：“我给你最后一次机会，你把计划书拿回去改一改，如果你能使噪音指数比波音公司低，我就选道格拉斯公司。”唐纳德回去后，跟设计者们连夜开会，研究改进方案，但最后的结果是大家一致认为以道格拉斯目前的技术水平，还没有办法把噪音降得更低。第二天，唐纳德找到埃迪，把研究结果一五一十地告诉了他。听了唐纳德的话，埃迪显得很平静，他一字一句地说道：“我知道你们做不到，我只是想看看道格拉斯公司是否诚实。这13亿美元的订单是你们的了！”

可以说，诚实是做人之本、处世之根、大智不愚的经商品格。它能消除人们之间的隔膜，为人们之间架起理解的桥梁。一个人可以挡住任何外界的诱惑，却挡不住诚实的莅临。诚实，会使亲情更加温馨，使友情更加可贵，使爱情更加牢固。诚实熔“真、善、美”于一炉，拒“假、恶、丑”于千里。以诚实为做人之本的人，是睿智的人，因为诚实是人际交往的宝玉；以诚实为立世之根的人，不是愚笨的人，因为诚实不是顽固不化的硬石。对人生这棵大树来说，诚实是一条主根。如果诚实丢弃了，那么，人生也就失去了一条赖以汲取养分的根，从而使本需要生长的大树显得有点歪斜，稍遇一点狂风，便会摇摇欲倒。做人，必须有一个对待诚实的正确态度。那么，什么是对待诚实的正确态度呢？

一是崇尚诚实。诚实，本是我们的民族美德。古人常说，“君子养心莫于诚”，“巧伪不如拙诚”，“诚招天下客，笑迎四海宾”。但是人们看到，时下，诚实遭到一些人的践踏，胡说八道、欺上瞒下等等的不诚实行为随处可见，随时可闻。少部分人的虚伪、欺骗行为败坏了整个社会风气。这些不诚实的人往往只看到眼前，看不清长远，没有形成对待诚实的正确认识。美国著名思想家、政治家、科学家富兰克林在其《自传》中写道："我之所以从一名懵懂无知的穷少年，成为一个世界范围内还算有点名气的人，全都得益上苍给我指点了迷津。"他说的"迷津"之一就是诚实——思想纯正、不欺骗人。我国古代的庄子在其著述中也提到：健康、稳固的人际关系是建立在"天属（即诚实、信赖）"基础上的。古时候，汉高祖信赖周勃的诚实，便托付大事于他。齐景公敬重晏子的诚实，便对其委以重任。可以说，诚实是好运的源泉。处在当今社会的人们，要做一个崇尚诚实的人，反对弄虚作假的人。

二是尽量诚实。撒谎是诚实的反义。据说，大多数高等动物也会"撒谎"——它们的诈死、佯败等行为为的是麻痹敌人、保护自己。从某种意义上说，人们的撒谎行为在某种程度上是一种遗传下来的一种保存自身的本能。有时候，人们为了表达关爱，有时候，人们为了避祸消灾，会有意识地撒谎。这类撒谎，人们是理解的，是谅解的。但是，经常地说谎，会助长人与人之间的不信任气氛，过多地说谎还会彻底丢掉诚实这个可贵品德。因此说，做人应该尽量诚实。不是万分需要，不是迫不得已，就不要也不应该去撒谎。对此，我们应该牢记马克·吐温留给我们的金玉良言："要是没有把握，就说真话吧。你的朋友会大感意外，你的敌人会大为狼狈。"我们很难相信也不提倡一个人一辈子不撒一句谎，但可以真诚地建议每一个人在人际交往中要尽量诚实。尽量诚实，就是说，不被大多数人接受的撒谎不要去说，没有很大意义的撒谎不要去说，失大于得、得不明显的撒谎更不要去说，没有目的、信口雌黄的谎言绝不能说。

三是修饰诚实。玉石经过雕琢，可以成为一件珍贵的玉器，从而身价倍增。诚实是人际交往的宝玉，它也可以得到修饰。修饰诚实，就是说在一个人具有诚实品格的前提下，给它增添一些亮丽的色彩，给它去掉一些有副作用的东西。譬如说，有的人在大是大非面前一点不含糊，保持诚实的本色，但在一些细枝末节上满不在乎，随随便便。这样的结果，虽然可以肯定地说他是一个诚实的人，但在对他了解不深的人们眼睛里却是个不诚实的人。有了这样一个坏印象，就不但见不到诚实带来的好处，反而失去了一些不该失去的东西。修饰诚实，就像对粗糙的木制品进行刨平，使它光滑；就像对做好的木制品刷上油漆，使它亮丽。修饰诚实，主要做好三件事：一是要有一个认真的态度。有时候，你说老实话，办老实事，但态度敷衍、做事马虎，给人的感觉就会是不诚实。因此，在和他人交往的时候，眼睛要正视对方，举止要端端正正。二是不要随便开些有撒谎内容的玩笑。即使你是一个十分诚实的人，如果你在平时开的玩笑中经常有虚构的内容，那么也会给人产生一个误解，认为你不诚实。因此，要时时处处注意自己的诚实形象。三是在谈到有损自己名誉、利益内容的时候，不要含含糊糊，躲躲闪闪。如果你有意无意地避开这方面的谈话内容，即使你所谈的话无一点虚假，那么给人的感觉也是你是虚伪的。因此，你不可回避你的痛处，不回避，反而会给人一个深深的好印象。总之，修饰诚实，就是要给人一个更好的诚实印象，避免可能对你诚实品质误解的发生。

最后说一句，诚实是做人的起点，也是做人的归宿。离开“诚实”二字，就没有资格奢谈什么情操、气节、教养。如果你是一个诚实的人，你将一生因此受益无穷。

第17节

坏事变好事

——荆棘搅拌汗水

树苗长成参天大树，不仅需要阳光雨露，而且也需要风霜雨雪，只有经历许多春夏秋冬，才能成为栋梁之材。许多人在遇到升学落第、工作挫折、家庭败落之时，往往垂头丧气、一蹶不振、消极堕落，甚至悲观厌世、随意轻生、走上绝路。可悲可叹啊！西方有句谚语：经不起不幸乃不幸之最。他们并没有深刻领会只有经过风霜雨雪的吹打才能茁壮成长这个道理。他们是应该到大树底下去回味一番的，去呼吸一下新鲜空气的。其实，困难、挫折、痛苦不只是一生不可缺少的一部分，而且只要你知耻奋发自励，注意总结经验教训，坏事也能变成好事！

苏联有个著名的化学家，年轻时游手好闲，弄得左邻右舍不得安宁。一次，他在向一位漂亮姑娘求爱时，理所当然地遭到拒绝，姑娘还尖刻地羞辱他："你不照照自己什么样？还有资格向我求婚！"从此，他从姑娘的羞辱中警醒起来，痛改前非，奋发努力，以后终成正果，成为一名著名的化学家。这位化学家的成功之处，就在于把"羞辱"变成了勇气和动力。

清代蒲松龄，在他年轻时接连考取县、府、道三个第一后，每次赶考，屡试不第。为此他感到惶惑羞辱，周围的一些人也奚落他。但是他没有因此而荒废学业，相反更加刻苦用功。为了激励自己，他在压纸的铜条上刻下了这样一副对联用来自勉："有志者，事竟成，破釜沉舟，百二秦关终属楚；苦心人，天不负，卧薪尝胆，三千越甲可吞吴”。这副对联，运用了西楚霸王项羽破釜沉舟、大破秦兵和越王勾践卧薪尝胆、灭吴雪耻这两个历史故事，表达了自己不拍挫折、不怕困难，不达目的绝不罢休的坚强决心，也正为因此，他创作出了脍炙人口的名著《聊斋志异》。

讲一个真实故事：几年前，某校学生李某家里比较穷，他非常敏感地认为，由于自己没给老师送礼，没请同学看电影，老师和同学们就瞧不起他了。他因此得了轻微“社交恐惧症”，自卑感很浓，不敢大声说一句话。其母亲看到儿子这样，为此伤心流泪，接着患了重病。面对更大的精神打击，这位学生连教室门也不敢进了。细心的老师发现后，开导他：“一个人的人缘靠做人和处世，而不靠其他；天将降大任于斯人也，必先苦其心志，劳其筋骨。”李某思来想后，终于痛下决心，立志决不作茧自缚，而要奋发自强，用功学习，并真诚地帮助周围的每一个人。如今，李某以优异的学习成绩和良好的个人品质被保送进入某大学学习。那段心理经历成了他既要做一个好人，又要做一个能人的力量源泉。

类似的例子，古今中外比比皆是。实践充分证明：失败乃成功之母。一个人头顶上的辉煌桂冠，是用荆棘搅拌汗水编织而成的。从某种意义上说，困难、挫折、痛苦是笼罩一层迷雾的幸运。你如果想得到幸运，就应该耐心地等待迷雾退去或勇敢地冲击迷雾，使坏事变成好事！

一是把压力变成动力。人遇挫折和失败，心里承受的压力可想而知。人在此时，处世观点正确与否，关键要看他能不能变压力为动力。拿破仑说过：“一生之光荣，不在永不失败，而在能屡仆屡起。”篮坛巨星乔丹是强者，强者自有强者的性格。他曾经这样向别人表白心迹：“如果有人取笑我，或者怀疑我……那将成为我超水平发挥的动力。”许多人尽管能力超凡，但终其一生，却无缘跻身强者之列。究其原因，他们缺乏的正是乔丹的这种变压力为动力的气度与拿破仑屡仆屡起的精神。这些人在困难、挫折面前，像霜打的茄子，失去了本应因此奋发自强的机会，留下了许多徒劳无益的遗憾。

二是知耻而后奋勇。“知耻近乎勇”是孔老夫子的一句名言。大意是说，当人们感到羞耻的时候，就会采取果敢行动去洗刷这种耻辱。可以说，知耻是一种精神动力，去激励人们奋发自强，建功立业。越王勾践欲雪“会稽之耻”，故而有卧薪尝胆，誓灭吴国之举。文天祥以“折节”为耻，故而威武不屈，成仁取义，流芳百世。包拯以贪贿徇私为耻，故而公正廉明，深受老百姓爱戴。在我国长达5000年的文明史中，这类事例不胜枚举。当今社会上，一些人遇到困难和挫折，不是从主观方面去找原因，而是完全怪罪于客观条件，这正是个人缺乏羞耻感的表现。如果你“自我感觉良好”，那么能有“痛改前非、终成正果”“激励自勉、著成名篇”“冲出自缚、奋发自强”的发展吗？从某种意义上说，耻辱是笔财富，它可以促人反省，催人奋进。做人重要的是知耻，倘若有耻不以为耻，那就形同禽兽。

三是在磨炼中求索。人们常说：“自古英雄多磨难，纨绔子弟少伟男。”这话是有道理的。人常咬得菜根，则百事可为。一个人经得起挫折、痛苦的磨炼，才可以成就一番事业。可以说，凡事业有成的人，不经过艰苦磨炼的，恐怕很少。之所以说很少，是不排斥有极少数天才人物，从娘胎中一生出来，第一声啼哭便是一首好诗。也可能有那种超凡才子，一生未遇丁点波浪，平步青云，很小就干出轰轰烈烈的大事来。不过，人们总觉得这样的人，不近乎神，就近乎妖，而妖和神都是不存在的。只有经过磨难，总结经验，吸取教训，才有走向成功的一天；只有经历痛苦，苦思、苦学、苦干，才能成为有用之材。自然界也是如此，经过磨炼、痛苦的比没经过磨炼、痛苦的显得更坚硬珍贵，如铁比矿石硬，钢又超过了铁。可以说，困难、挫折、痛苦也是笔财富，它好似一把磨刀石，使一个人的创业之剑更为锋利。

只要奋发自强，坏事也能变成好事！

第18节

40岁的转变

——勇于抉择

美国有位男子，特别喜欢喝酒。

上大学时，他去相邻大学看橄榄球赛。喝了不少酒的这位男子，当看到自己所在学校获胜时，就兴奋地领着同样喝醉酒的同学冲进球场，去拆邻校的球门。警察把他从球门横梁上拉下来，关进了警车。其他同学围住警车，大喊大叫。在同学们的交涉下，警方对他免予刑事处罚，但学校给予了他严厉的警告。

大学毕业后，酒精照样给这位男子惹麻烦。某年春天，他和两个朋友去看明星演唱会。开场前，他们已经喝了数瓶威士忌，然后每人手拿一瓶威士忌入场。剧场保安提醒他们不能携带酒精类饮料入场，他们就把手中的威士忌统统喝光，然后摇摇摆摆地进了场。演唱会中场休息时，他们三人的酒兴又上来了，便去后台找管理员，假说演唱会明星需要两箱啤酒。管理员居然信以为真，一会儿就把啤酒送过来了。三个酒鬼弓着腰，兴高采烈地大喝特喝起来。不一会儿，演唱会结束了，但啤酒还没喝光。他们把剩下的啤酒藏在衬衣里，打算出去继续畅饮。不料有几瓶啤酒从衬衣里滑了出来，砸在大理石地板上，发出了巨响，听起来就像一颗颗炸弹被引爆。剧场里，顿时乱成一团，三个醉汉跌跌撞撞地从紧急出口逃走。

时隔不久，这位男子去酒吧里跟朋友聚会，同样喝了不少酒。席间，他还为大伙表演了一项饮酒技巧——用牙咬住酒杯沿儿，然后仰头，让酒流进喉咙里。众人开心极了。在驾车回家的路上，这位喝得醉醺醺的男子被警察拦住。当时他的车只有一半在马路上，另一半已经开到路肩上了。他因酒后驾车被罚款150美元，吊销驾驶执照3个月。

到了他30多岁时，喝酒，已经成为他生活中不可缺少的一部分。

却说他40岁生日时，朋友请他去喝酒，以庆祝生日。照例，他又喝多了。早上起来，他妻子突然问："亲爱的，你有过一天不沾酒精的时候吗?""当然有。"这位男子愤愤不平地回答。妻子平静地反问："哪天?"男子开始回忆，此时他竟然发现自己没有一天是不喝酒的。他感到非常震惊！他想：自己只顾喝酒取乐，却给妻子留下了伤害。此刻，他下定决心戒酒。他对妻子说："我以后再也不喝酒了。"妻子的语气依然很平静："很好，亲爱的。"

从那天开始，这位美国男子一滴酒也没再沾过。有很多次，他忍不住想喝酒，但妻子不断地提醒他、鼓励他。他就坚守诺言，不再喝酒。

我们来看看这位美国男子戒酒后的事业成就：

43岁的时候，他是得克萨斯州牧人棒球队主要合伙人。

48岁的时候，他成为美国得克萨斯州州长。

55岁的时候，他就任第54届美国总统。

59岁的时候，他连任第55届美国总统。

在他64岁的时候，出版回忆录《抉择时刻》。《抉择时刻》中说，戒酒是他一生中最艰难的决定，如果当年没有做出这个抉择，他多半不会拥有自己的棒球队，不会成为得克萨斯州州长，现在更不会是在写回忆录的美国前总统，而可能是一个蹲在某小酒馆角落里的老酒鬼。

他的名字是：乔治·沃克·布什。

一棵在深山里长了好多年的大树，被修剪了枝叶后移栽到城市新建的公园里。人们围着它，议论着，一个人说："没有这次移栽，它就不会被这么多的人赏识。要想被这么多的人赏识，就要改变自己的生存环境。"与此同理，如果一个人很平淡，要想引起众人关注，就要学会改变自己。能早改变就早改变，40 岁时再改变，也不算晚。

在中国历史上，也有一位名人，与乔治·沃克·布什一样，在中年时期做了艰难抉择，成为了一代伟人。

公元前613 年，楚庄王即位。他终日不理朝政，贪恋酒色，通宵达旦地与婢女一起鬼混，搞得面黄肌瘦、萎靡无神。他走路一摇三晃，还得两个婢女一左一右搀扶着。

夫人樊姬见状，心里是急得要命。樊姬知道，若是苦口婆心地劝说，就是说破嘴皮子也无济于事。樊姬日思夜想，想出一条另类计策。从此，她头不梳，脸不洗，出门也不穿艳装，整日是愁眉苦脸、蓬头垢面。

一天，楚庄王见了樊姬，吃了一惊，心里嘀咕："平时美若天仙的樊姬，如今怎么变成这个模样？像是腌菜，邋遢极了。难道你就不怕寡人一脚把你给踹了？"楚庄王心里这样想，嘴上却十分关心地问道："夫人，你生病了吗？为何不施粉黛、不着艳装啊？"其实，楚庄王的关心是发自内心的。因为樊姬是楚国招来的一只金凤凰！她的眉毛像弯月，她的腰身像细柳，她的小嘴很多情，她的眼睛能使人发抖。这样一位人间尤物，他怎么舍得去踹呢？樊姬不搭理他，故作羞涩地扭过身去。楚庄王呵呵笑着，搂过樊姬的臂膀，端详着她："夫人，是生病了，还是缺钱买脂粉呢？"半晌，樊姬才懒懒地说："大王，妾既不缺钱，也没生病！"楚庄王说："那为什么不好好地打扮一下，搞得像个乞讨婆？"樊姬慢吞吞地说："俗语说，女为悦己者容。大王您整日迷恋婢女，臣妾就是梳妆打扮得再美丽，给谁看呢？"楚庄王一听，一颗心才放下来，说道："原来是这样！好，好，寡人改了行不行？"楚庄王果然改邪归正了几天，可是过了不久，他又老调重弹，老病重犯，灵魂被几个新进的婢女给勾走了。樊姬很是沮丧，她担心的不是自己得宠失宠，而是楚庄王要误国误民！

樊姬又想了一个劝导楚庄王的办法。她命人在城内筑起一个高高的土台，命名为梳妆台。她每天晚上独自登上此台，对着月亮和星星，一边梳理着长发，一边喃喃自语。樊姬的怪异举动，很快传到楚庄王耳中。

一天晚上，楚庄王亲自来到梳妆台上，奇怪地问：“夫人，你独自一人在高台上，表演给谁看呢?”樊姬说：“妾在这里梳妆啊！表演给星星、月亮看啊!”楚庄王说：“开什么玩笑？月亮、星星怎么会注意你?”樊姬说：“大王，您每天喝得烂醉，妾就是在宫中梳妆，您也看不见呀！晚上在这高台上梳妆，有星星、月亮给妾做伴，妾不寂寞呀!”樊姬的一番言辞，顿时让楚庄王感到羞愧。在星月的辉耀下，楚庄王看见了樊姬眼中的泪花，也听出来了樊姬的弦外之音。楚庄王诚恳地对樊姬说：“夫人，寡人这次真改，行吗？时间不早了，我们回去吧!”女人的利器是眼泪，女人的特点是以柔克刚，此话千真万确，打这之后，楚庄王果真远离淫荡。

楚庄王喜欢女人，也喜欢马。有人送给楚庄王一匹淡金马。这淡金马头细颈高，皮薄毛细，四肢修长，步伐轻盈。楚庄王非常喜欢，给它穿刺绣的衣服，吃有钱人家才吃得起的枣脯，住富丽堂皇的房子。给淡金马的待遇不仅超过了对待百姓，甚至超过了对待大夫。不料，这匹马因为恩宠过度，得肥胖症而死。楚庄王大悲，让群臣给马发丧，并要以大夫内棺外椁之礼为之安葬。大臣们对此不满，认为楚庄王在侮辱大家，说大家和马一样。楚庄王闻听议论，下令说，再有反对以此礼制葬马者，死罪论处。

这楚庄王不但喜欢马，还喜欢娱乐。有一位戏子孟被楚庄王所宠，平日以滑稽调笑，甚得楚庄王欢心。戏子孟听说楚庄王葬马之事，跑进大殿，痛哭流涕。楚庄王很吃惊，问其缘由。戏子孟说：“死掉的淡金马是大王的心爱之物，堂堂楚国，地大物博，无所不有，而如今只以大夫之礼安葬，太吝啬了。大王应该以大王之礼为之安葬。”楚庄王听后，无言以对，心想把马同大王一个待遇那不是侮辱大王？此时楚庄王明白了戏子孟的用意，便取消了以大夫之礼来安葬淡金马。

知道楚庄王喜欢娱乐，便有人将一把古琴献给楚庄王。这人说：“大王，这把古琴名为绕梁，它可是一把有名古琴啊!”楚庄王说：“此话怎讲?”这人说：“要说起它啊，可是大有来头！周朝初年，一位女乐手韩娥去齐国临淄省亲，不料断了钱粮，无奈之下，只得去弹琴卖艺求食。她弹奏的琴声凄婉悠扬，如孤雁长鸣，在房屋中回旋不绝，听者如云。据说，韩娥弹过离去三天，其琴声仍在屋梁之间萦绕回荡，不绝于耳。因此，后人就把她弹奏的那把古琴称之为绕梁。在下今日献给大王的这把古琴，正是当年韩娥用的绕梁啊！”楚庄王听后，小心翼翼地把古琴提了起来，反复打量着古琴。只见此琴黝黑铮亮，轻轻拨动琴弦，琴音悠扬绵长。楚庄王不禁满心欢喜，当即重赏该人。

自从得到绕梁古琴以后，楚庄王整天吟歌弹琴，陶醉在悠扬的音乐之中，竟一连七日不朝，把国家大事都抛在了九霄云外。

樊姬刚刚为楚庄王远离淫荡烂醉而高兴，没想到他又痴迷于琴乐。异常焦虑的樊姬这次不再客气，直接指着楚庄王鼻梁教训开了：“大王，您这样做，也太过分了。您想过没有，过去商纣王迷恋靡靡之音，而失去江山社稷。现在，大王如此喜爱绕梁之琴，沉溺在音乐中七日不去临朝，难道也想丧失国家和性命吗？”樊姬的这一番话语，仿佛兜头盖脸浇了一盆凉水，使楚庄王顿时冷静下来。他反思自己：近来对音乐确实是太过于痴迷了，之所以痴迷，是因为绕梁这把古琴的音色太美了，他几乎无法抗拒这美妙琴音的诱惑。可是樊姬说得很对，沉溺于此会招来祸患啊！何况还是一国之君，搞不好真的会误国误民啊！楚庄王像睡醒了一样，突然大叫一声：“来人啊！”内侍急忙跑来问道：“大王，有何吩咐？”楚庄王说：“去把这琴给砸了！”内侍说：“大王，您不是说气话吧？这琴可是价值连城呀！”楚庄王说：“寡人不是说气话，你只管砸！”内侍听从命令，将古琴绕梁砸坏。从此，天下无数人羡慕的名琴绕梁绝响了。楚庄王暗叹道：“寡人即位三年了，三年浑浑噩噩，不能再这样下去了，现在应该清醒了。”

楚国大夫申无畏善于察言观色，他见楚庄王神气由散漫转向专注，由游手好闲转向沉思，便知楚庄王内心发生极大变化，想勤理政事了。这天，申无畏来见楚庄王。楚庄王问他：“你来干什么？”申无畏奏道：“有人叫臣猜个谜儿，臣猜不着。大王聪明过人，臣来请大王猜猜。”楚庄王说："什么？猜谜儿？倒怪有意思的。你说吧！"申无畏说："楚国山上，有只大鸟，身披五彩，可真荣耀，一停三年，不飞不叫，人人不知是什么鸟。"楚庄王笑着说："这可不是普通的鸟。三年不飞，一飞冲天；三年不鸣，一鸣惊人。你别急！"申无畏磕了个头说："大王英明！"此时的楚庄王十分明白，如不好好管理朝政，别说不能称霸诸侯，就连自己的国家都会管不住的。

从这天起，楚庄王改革政治，调整人事，不再让令尹掌管楚国大权，因为令尹权力太大，现在的令尹斗越椒的势力更比以前的令尹大。与此同时，楚庄王命人训练兵马，终于在两年后成为了中原霸主。

有这样一则寓言：一只乌鸦打算飞往南方，途中遇到一只百灵鸟，一起停栖在树上。百灵鸟问乌鸦："你这么辛苦，要飞到哪里去？为什么要离开这里呢？"乌鸦愤愤不平地说："其实，我也不想离开，可是这里的人都不喜欢我的叫声，所以，我想飞到别的地方去。"百灵鸟好心地说："别白费力气了，如果你不改变自己的声音，飞到哪儿都不会受欢迎的。"同理，当我们无法改变环境的时候，只能改变自己去适应环境。

一个偶然的意念，会成为改变一生的重要决定，也许只因为听到一句话，也许只因为读到一行字，一念之间走出阴霾，走出了自己的人生之路。

每个人都是一道靓丽的风景，但世界不会为你而改变，环境也不会主动去适应我们自己，因而，我们只能去改变、去适应环境，进而取得成功。那些不能改变的人，只能被环境淘汰。《品质》中的老鞋匠，虽然拥有全城最好的制鞋手艺，但却不愿改变自己，致使自己无法跟上机器化的时代，最终饿死在自己的鞋铺中。改变自己，方能跟上时代的脚步，方能不被环境淘汰。《笑傲江湖》里令狐冲的一句话说得很好：这个世界都在改变，我们没有办法，只好改变自己。

第 19 节

加加林的成功

——一个不起眼的细节

1961 年 4 月 12 日，苏联宇航员加加林乘“东方”号飞船，第一次实现了人类进入太空的梦想。从太空俯瞰地球，是人类文明的高度。这一高度，任时光流逝，都将永载史册。

说起加加林，人们会想到关于他的两个巧合。1934 年 3 月 9 日，加加林出生于格扎茨克区克卢希诺镇。也就是在这一天，苏联火箭设计师、后来的苏联载人航天项目负责人、加加林的伯乐科罗廖夫第一次与苏联首颗卫星设计师吉洪拉沃夫畅谈载人宇宙飞行的前景，甚至谈到了谁将是第一个飞上太空的人。这个巧合发生在加加林的出生日。第二个巧合则发生在加加林的逝世日。1968 年 3 月 27 日，已经成为世界名人的加加林像往常一样赶到空军基地，准备和同事一起试飞飞机。在机场大门外，加加林突然发现自己自工作以来第一次忘记携带机场通行证。在与保卫人员做了一番解释后，加加林获准进入了机场。就在这一天，加加林和苏联功勋飞行员谢廖金一起驾驶的飞机发生了事故，人类第一位宇航员不幸逝世，年仅 34 岁。当机场保卫人员得知加加林遇难的消息后非常痛苦地回忆道，加加林是个工作非常严谨的人，在这个机场工作多年，从未忘记过携带通行证。也许这一天加加林潜意识里预感到，他今后不再需要机场通行证了，才没有把它带在身边。

谈到这两个巧合，或许有人说加加林的命运是上天决定的。其实不然，在任何一个名人和普通人的成长以及工作历程中，都有着无数的巧合。我们不能由一两个巧合就说人命由天定。既然如此，那么命运之神为什么会选定他为第一位遨游太空的航天员呢？

苏联官方在回答这个问题时说，是因为注意到了加加林所具备的如下无可争辩的品格：坚定的爱国精神、对飞行成功的坚定信念、优秀的体质、乐观主义精神、过人的胆识以及机智灵活、吃苦耐劳、谦虚谨慎、勇敢果断、认真镇静、纯朴谦逊、微笑热忱等。可是，训练多年、准备升空的宇航员有20多位，无不具有这些优良品质。到底是什么让加加林脱颖而出的呢？

多年后，内部人士透露，总设计师科罗廖夫的意见决定了加加林成为首位进入太空的宇航员。起初，加加林因为已是两个年幼女儿的父亲，并没有被指定为参加首次载人飞行的宇航员，另一名宇航员季托夫承担了此项重任。直到发射前4天，科罗廖夫才力排众议，选中加加林，因为据科罗廖夫观察，参加训练的20多个宇航员，在每次进入飞船训练时，只有加加林一人不怕麻烦，脱下靴子，只穿袜子进入舱内。就是这个细小的举动一下子赢得了科罗廖夫的好感。他感到这个青年既懂得规矩、细致认真，又如此珍爱倾注了他们大量心血的飞船，于是科罗廖夫毅然决定让加加林执行人类首次太空飞行的神圣使命。就这样，一个不引人注意的细节，让加加林在竞争中胜出，从而一飞冲天，永载史册。

是什么让加加林一步登天？答案已经很明了，除了加加林的优秀体质、过硬本领外，就是加加林所具有的优良个性。个性决定命运，古今中外，任何人都是如此。“种瓜得瓜，种豆得豆。”播下一个优良树种，就是播下一片宜人的绿荫。播下一种优良个性，就是播下一生的幸福命运。

换一个角度说，加加林的成功，得益于一个不起眼的细节。细节决定成败。成也细节，败也细节。“千里之堤，溃于蚁穴。”有一首民谣是这样说的：丢失了一个钉子，坏了一只蹄铁；坏了一只蹄铁，折了一匹战马；折了一匹战马，伤了一位骑士；伤了一位骑士，输了一场战斗；

输了一场战斗，亡了一个帝国。

1930年4月，阎锡山与冯玉祥结成反蒋联盟，发动了讨伐蒋介石的中原大战。为了集中精锐兵力消灭蒋介石在河南的有生力量，阎锡山和冯玉祥召开了联席军事作战会议，分别制订了精密的作战计划。会上决定，阎锡山和冯玉祥各派出一支精锐部队，在河南省的沁阳县会师，集中兵力，一举聚歼驻在河南省的蒋介石军队。沁阳在河南省的北部，离黄河北岸70公里，这个地方北靠山西，而阎锡山的军队绝大部分驻扎在山西，之所以选择沁阳为两军的集结地，当然是信赖阎锡山部队的地缘优势。散会后，冯玉祥的作战参谋很快就拟定了一份调动部队的紧急命令。哪知这个撰写命令的作战参谋官，地理知识甚少，做事粗心大意，把沁阳的“沁”字，多写了一撇，写成了“泌”字，这样一来，集结地点“沁阳”变成“泌阳”。偏偏河南省真的有“泌阳”这地名，这泌阳却在河南省的南部，离湖北省只有几十公里路程。当时湖北还是蒋介石重兵驻防之地，在那里集结当然对冯阎联军不利。“失之毫厘，谬以千里。”再说阎锡山部队按预定时间赶到沁阳，左等右等，眼看会师时间已过，还是看不到冯玉祥部队的影子。阎锡山部队因人数少，不敢单独作战，眼看不妙，立即打电报询问冯玉祥，冯玉祥一查，才知道部队已经奉命挥师南下，赶去泌阳了，而蒋介石的部队却已经在湖北集结，这里离泌阳很近，眼看就要被蒋介石部队重兵包围。冯玉祥大惊，急令撤退，但想完成原定的作战计划已经来不及了。就是粗心参谋多的这一撇，使阎锡山和冯玉祥的联军陷于被动，导致联合作战计划失败。

细节往往因其“小”，而容易被人忽视，掉以轻心；因其“细”，也常常使人感到烦琐，不屑一顾。但就是这些小事和细节，往往是事物发展的关键和突破口，是关系成败的双刃剑。

古人说：“不积跬步，无以至千里；不积小流，无以成江海。”这句话精辟地指出了我们要成就一番大事业，要有所作为，要获得硕大的胜利果实，就要从我们身边的小事做起，把一个个小的胜利果实聚集起来，才能获得更大的胜利果实。我们必须改变心浮气躁、浅尝辄止的毛病，提倡树立细节意识，注重细节，把小事做细。

细节也是一个很需要注意的事情，我们在做事时，常常会忽略细节，总以为这是小问题。其实这才是很容易出现问题的问题。注重细节，从小事做起。看不到细节，或者不把细节当回事的人，对工作缺乏认真的态度，对事情只能是敷衍了事。而注重细节的人，不仅认真地对待工作，将小事做细，并且能在做细的过程中找到机会，从而使自己走上成功之路。

第20节

杰夫致富术

——为新观念叫好

某天，正在劈柴的美国人杰夫·也格和哥哥捡到一只篮球。一时兴起的哥哥说："如果你能用斧头将篮球劈成两半，我就给你5美元。"闻听此语，杰夫立刻答应。他想，一堆木柴都能很快劈完，何况一小小篮球？这赌注应该下。未曾想，杰夫一斧头下去，不但没有劈开篮球，还被反弹起来的篮球将他击昏。从那时起，杰夫意识到，赚钱并不是想象中那么容易，有时还会遇到风险。对于这劈篮球的事情，杰夫几十年来懊悔不已。也就在这若干年内，他琢磨出一套既普通却又不普通的致富术。如今，由他创作的、体现他的这种致富思想的新书《超级守财奴谈环保致富路线》公开出版发行。

杰夫所宣传的这种致富术的要诀是：在不花钱或少花钱的前提下，享有与有钱人同样的生活质量和情趣。若干年来，他是这样实践该致富术的。

——居处合适即可，没必要买座宫殿。至今，他和他的太太仍住在几十年前买下的房子里。

——住宅装修和修补没必要花钱雇人。几十年来，都是他亲自动手。

——在可能的情况下，他总是骑自行车出门。即使是在大半个美国内推销新书，他也是依靠自行车。

——增加运动，减轻烦恼，保持一家人身体健康。当然，身体健康了，就无需花费医疗费用了。

——尽量不去餐馆吃饭。如果偶尔去一次，也要心态坦然地在餐后打包。

——要购买低于一美元一磅并且未经人工加工的食品。这样的食品营养最高，最益于健康。

——不在专卖店购物。巴黎、伦敦著名设计师的产品不见得有多好看，不要费力去送钞票。到大型超市去选购，那里的服装比专卖店便宜。如果不想买名牌服装，那就更妙了。

——提倡购买“买一送一”的商品，最好还是在减价的时候。为此，要把家里的日历改一改，如把情人节挪到2月15日。在这一天里，去给心上人买一个心形糖果礼盒，比前一天要多打折扣。而且这天玫瑰花买一送一。

——在煮咖啡的时候，一定要在咖啡壶里放上一个鸡蛋。这样的话，煮蛋的煤气就省了。

——永远注重物品回收和重复利用。在储物间和衣柜的角落里，总有可利用的工具和衣服，时常整理会获得惊喜……

只看这些，人们会以为杰夫所倡议和实施的是节俭术，这怎么能说成致富术呢?

杰夫是这样认为的，勤奋工作没有错，可节俭也能致富。只要按这样一个快乐而合理的路线走下去，即使收入不高的人，也可以拥有一份富裕和满足的生活。一个人如果合理地使用自己的钱财，削减掉那些不必要的和摆阔要面子的花费，就没必要每天忙忙碌碌地去为钱发愁。省出来的钱，可以保证你衣食无忧，还能让你有足够的时间来享受生活，做你多年来就梦想去做的事情，何乐而不为呢？不将注意力放在赚多少钱上，而是着重考虑如何将收入中的每一分钱用在最需要的地方。少花1分钱，就相当于挣了1.3至2分钱，如果再算上税收和费用，那等于又赚了1分钱。日积月累后，原来从手指缝里溜走的财富，都会安安稳稳地留在你的账户上。因此说，杰夫的这种思想就是一种致富术，之所以冠上“环保”二字，是因为杰夫推荐的骑车等生活方式不会给子孙留下能源危机的隐患。

杰夫还说，挣钱和花钱现在都成了人们日常忙碌、循环往复的活动，好像一曲华尔兹，音乐不停，人们就在原地不断地转圈，实际上什么地方也没有去成。可是如果人们挣脱这个怪圈，就能够到达一个海阔天空的境界。不要小看节省的力量。因为节省，杰夫比很多高收入的人都轻松和快乐。自行车旅行既锻炼了身体，又节能环保。因为少开车，少紧张，疾病和孤独去掉大半，生活的品质自然也就上去了。杰夫全家的小日子总是充满阳光，永远新鲜有趣。杰夫的妻子20多年来，从来不计较丈夫的廉价礼物和便宜食品，而且还时常来点推波助澜的行为。从杰夫家庭风貌可以看出，幸福的生活不一定要花大把的银子。

教导人们勤俭持家，很容易被理解为老套的说教。可是杰夫的著述却是趣味横生、诙谐幽默。这些近于狡黠的招数常常能引得人们哈哈大笑。他所说的不少办法，其实都是人们常常见到的，可是大家不是没有在意，就是碍于面子不好意思去实行。因此说，杰夫的致富术既普通又不普通。

杰夫的太太还曾在网站上爆料，说他在入住旅馆登记时，会顺手摸一下大堂沙发的缝隙，看看有没有人无意中掉下零钱。她笑言：“那一刻总是尴尬得没法形容。”

杰夫的致富方式很容易让人联想到那个史上描述的最著名的守财奴葛朗台，但如果盲目评价杰夫是守财奴，是不恰当的。因为杰夫省钱但不守钱，他将省下的大笔钱都捐给了当地图书馆。

对于杰夫的致富术，很多人并不觉得丑陋，反而为他的新观念叫好。其实，我们在这里谈杰夫致富术，不是希望人们一定要去欣赏杰夫，学习杰夫，只希望人们尤其是那些被钱所困所累的人们对杰夫倡议的致富术好好地思考一下，或许会受到一些启发。

第 21 节

黎明前的黑暗

——创新与吃苦

中专毕业后，小周一直未找到工作。一天，小周在母校所在城市的晚报上看到一则广告：招聘 10 名推销员，没有其他要求，只要有吃苦精神就行。小周高兴地去应聘了，居然被录用了。小周激动地把这个好消息告诉了小周的一位母校老师。

老师冷静地说："别高兴得太早，这份工作不只吃苦，还需要你去克服一种困难……"没等老师说完，小周就急着说："我是农村人，吃苦算什么？我会全力以赴地去做好这份工作的，老师您放心好了。"

公司的老板说："如果一天推销出去 10 盒化妆品，就可以赚 80 元钱，这样一个月就能收入 2400 元。"小周用身上所带的钱在公司领了 10 盒某某品牌化妆品，兴奋地出发了。小周暗自盘算着，如果每天加把劲，就可推销 10 盒，甚至 20 盒、30 盒，那样就可……

可是，第一天一盒也未推销出去。晚上，小周拖着疲惫的身体回到了住处，心情低落到了极点，稀里糊涂地带着忧愁蒙头睡觉了。

第二天早上，小周吃过饭背上产品又满怀希望地出发了。不知道跑了多少小区，爬了多少楼梯，整整一个上午，口干舌燥、肚饥腿疼的小周，还是一盒化妆品也未推销出去。小周在馒头铺里买了个馒头啃了起来，然后讨了口水喝，便又开始了爬楼敲门……

那天还是一无所获，小周又遭受了许多人的白眼。小周不想跑了，小周想好好地睡一觉，然后打包回老家，但是小周又心有不甘，心里自言自语道："人家能推销出去，我为什么不能？难道我比别人差吗？我不差，我相信自己，我还想干一番事业呢，我不会被失败打倒。"小周自己给自己鼓劲，可是当第三天还是一盒也未推销出去时，小周对自己的能力和水平产生了怀疑，精神也差点崩溃了。小周彻底失望了，彻底否定了自己。小周决定回家了。

小周去和老师辞行。老师说："上次有句话没说出来，做大事要战胜一种困难，那就是黎明前的黑暗。就像参加马拉松比赛，跑到30公里时，就进入了'黑暗'期，这时，实力、耐力不足的运动员很难支撑下来，而优秀的运动员则能逾越'黑暗'，奔向成功。"老师还说："'只要功夫深，铁杵磨成针。'如果不下功夫，板凳坐不热即感腰酸背痛，好事岂会来临？良好愿望人人都有，但毅力只有成功者才具备。浅尝辄止的人面前永远是'铁杵'，只有拿到孙大圣手里才叫'针'。"老师的这些富含哲理的话对小周震动很大。小周决心再干下去。小周学到了窍门，就是首先不急着推销产品，而是先和客户聊聊天，等心理距离近了，再介绍产品……

小周背着产品出发了。当走到一个小区门口时，看到几个中年妇女在聊天，小周就去试了试。出乎小周的意料，这几个阿姨在听完小周的产品介绍后，竟然每人买了一盒！

小周握着首次挣来的几十元钱，热泪流了下来……

就这样，小周继续干起了长达5年的推销工作，取得了一点小小成绩。虽然现在不干了，小周却从中悟出一个道理：做事情要有一股冲劲。冲出"黑暗"，就是"黎明"。

创新意识与吃苦精神正是擎起人生天空的两大柱石，并且这也是我们许多民众所欠缺的。目前社会上，许多人不愿吃苦，不愿动脑；许多失业人员挑三拣四，拈轻怕重，身在市场经济社会，头脑还是计划经济思维；许多机关、垄断行业人员过着较为舒适的生活，养尊处优，不敢正视创业的艰难，故步自封，因循守旧。如此现象，已引起社会的广泛注意。

众所周知，创新，是一个民族进步的灵魂，是一个国家兴旺发达的不竭动力，也是一个人生机勃勃的源泉；吃苦，是中华民族的优良美德，也是我们搏击人生的法宝，每一分财富后面都有一分闪光的汗水。

无数事实雄辩地证明：自觉地做到创新、吃苦之时，也就是生活发生改变之时。微软公司之所以财源滚滚，叱咤风云，就是因为每时每刻在创新发展。雅典奥运会举重冠军唐功红曾被专家评价为“关节硬，速度慢，发展潜力一般”，但唐功红勇于吃苦，终于成就辉煌。可以说，墨守成规，早晚会被市场经济经济淘汰；不劳而获，只是投机，永远成不了真理。

你想成功，我想成功，谁都想成功。成功靠什么？不靠礼佛拜神，不靠施舍继承，不靠投机取巧，靠的就是两条：勇于创新，甘于吃苦。创新、吃苦，实是前进车之两轮，飞翔鸟之两翼。

第22节

见微知著

——奏出最强音

一个在小地方从事文艺演出组织工作的人，经常碰到这样的问题：乐器低档，演员拒绝使用；器材出现故障，正在进行的演出出现了小乱子；没有伴奏，演员不愿出场；等等。一遇到此类情况，这个组织者往往或是调换节目，或是增加投入，或是巧妙掩饰瑕疵，以确保演出取得最好的效果。另外，从保护演员积极性出发，很少去从演员身上找原因。

一次，这个组织者看到了著名小提琴演奏家伊扎克·帕尔曼的一则故事。他曾在纽约举办过一场音乐会，身为残疾者的帕尔曼架着双拐来到舞台中央，坐在椅上，然后摆好小提琴。不巧的是，演出刚刚进行了几秒钟，一根琴弦突然崩断了。断弦的声音如同清脆的枪声，让全场观众都听到了。人们猜测音乐将会为此暂时中断，直到换好琴弦。可是这时，帕尔曼闭上眼睛，示意指挥继续，全场无不为之惊叹。优美的小提琴声继续飘扬，只不过是改由三根弦来发出。帕尔曼投入地、激情地演奏着，好像根本不知道少了一根琴弦。这支高难度的曲子，用四根弦演奏都很困难，帕尔曼居然用三根弦把它演奏得出神入化。一曲终了，先是大厅里一阵鸦雀无声，然后人们不约而同地站起来，为帕尔曼报以热情的欢呼。这雷鸣般的掌声，经久不息。

让我们深入了解一下帕尔曼吧。他 4 岁时，因患小儿麻痹症而终身残疾，但他没有向命运低头，他以顽强的毅力学习小提琴，他相信“上帝只帮助那些自助的人”。对他来说小提琴不仅是件乐器，更是他身体的一部分，是他残缺躯体的最好慰藉。19 岁那年，持之以恒刻苦学习的帕尔曼以其精湛的技艺获得了国际小提琴界的最高奖，被人们称作“小提琴王子”。成名后，帕尔曼每年都要在世界各地举办 100 多场音乐会，这简直令人无法想象。听着他弓弦间跳动的“魔鬼的颤音”，看着他面庞爽朗的笑容，谁能把他与“残疾”联系在一起呢?

有意无意地将两种事物进行对比，是自然而然的事。这个组织者想，他所接触的一些演员在身体条件方面要比帕尔曼强许多，但有一样东西远不如帕尔曼，这就是帕尔曼所说的:“无论命运留给我们什么，我们都要奏出最美好的乐曲。”

春秋初期，当中原诸国内乱不已的时候，南方有个被称作荆蛮的国家快速崛起，这就是楚国。

楚君芈姓，是个子爵。芈姓先祖鬻熊，博学有道，周朝创立者周文王、周武王都是他的学生。周成王时，把鬻熊的曾孙芈绎封在荆蛮，让他享受相当于子爵的田产，建都在丹阳。当时中原文化发达，中原人认为，楚地的民众许多还处于蒙昧的状态。周天子带头从口头上占便宜，嘲讽楚人是鸟人，因为他们说话像鸟叫一样难以听懂，并且文化也像鸟儿一样落后。不过，楚人不图那口舌之快，他们把脊背留给辱骂，把胸怀对准山川大地，一心一意打理自己的国家。楚国相当长的时期内，都过着艰苦奋斗的日子。楚君穿的是破破烂烂的衣服，坐的是荆条编织的柴车，带领臣民跋涉山林，开辟疆土，甘苦与共。在历代楚国君主的开拓下，他们既富民强国，又不断扩张领地。与中原各国不同的是，楚国每灭一国，便把该国的贵族迁到楚国的后方，严加监管，同时对该国设县以治之。由于在楚国的周围，都是实力比较弱小的诸侯或蛮族，所以楚国反而得天时、获地利，渐渐地由小小封地诸侯国，变成广阔的实力诸侯国。习惯于跋涉山林的楚人，更喜欢近身搏斗，用长剑和短矛，而中原大地上则是流行兵车，在兵车上使用戈、矛、戟等长武器。楚人剑术再厉害，与中原兵马打起来也会吃亏。国君传到芈通这一代，他就学中原战法，组建了一支驰骋迅疾的车兵，还有为兵车平整道路、架设桥梁的工兵。军队改良后，楚君芈通就开始向中原征战。此时的楚国，已经是资源充沛、物产丰富、人口众多、势力雄厚，足以与周王室分庭抗礼了。

许多人，尽管躯体健壮，但终其一生，却无缘跻身于强者之列。究其原因，是他们缺乏帕尔曼这种不论身处何种条件都要奏出最强音的气度，缺乏楚人一心一意打理自己的国家的精神。有些人一旦遇到稍差的条件或一点点困难，就怨天尤人，像霜打的地瓜秧一样，失去了本应奋发图强的机遇，徒留下了许多让人惋惜的遗憾。

见微知著，我们从帕尔曼身上，看到了有的人为什么能够成为大家，而有的人为什么却一生平庸；从楚人身上，我们知道了为什么楚国会成为南方初霸。

第 23 节

奇迹 = 创新 + 勇敢

——没有冒险就没有大成功

每个人都梦想着奇迹光临自己，究竟奇迹是怎样产生的？我们不妨看看中国载人航天工程总设计师王永志的故事。

1964 年 6 月，王永志大学毕业后走进戈壁滩，执行发射中国自行设计的第一种中近程火箭任务。试验发射时，火箭射程不够。专家们都在考虑怎样再给火箭添加推进剂，可无奈燃料贮箱有限，再也加不进去了。这时，军衔最低的中尉王永志站起来说：“火箭发射时推进剂温度高，密度就要变小，发动机的节流特性也要随之变化。经过计算，要是从火箭体内泄出 600 公斤燃料，这枚火箭就会命中目标。”大家都感到不可思议，有人不客气地说：“本来火箭射程就不够，你还要往外泄？”就这样，王永志的不合常理的建议便没人理睬了。

王永志并不甘心，他想起了坐镇酒泉发射场的技术总指挥、大科学家钱学森。于是在临射前，他鼓起勇气走进了钱学森的住房。当时，钱学森并不熟悉这个年轻人，可听完了王永志的意见，钱学森眼睛一亮，高兴地喊道：“马上把火箭的总设计师请来。”钱学森指着王永志对总设计师说：“这个年轻人的意见对，就按他的办！”果然，火箭泄出一些推进剂后射程变远了，连打三发火箭，发发命中目标。实践证明，王永志创造性地解决了我国第一种中近程火箭发射的关键问题。

王永志初出茅庐就出手不凡，从此一发而不可收。1992 年，业绩辉煌的王永志被任命为中国载人航天工程的总设计师，领导这项巨大工程取得了成功。

王永志创造了一种奇迹，这种奇迹首先得力于他的创新思维。逆向思维、不囿于常规，终于使王永志思考出了火箭射程不够的解决方案。但方案终归是方案，如果不去实施，那么方案毫无功效。在当时那种众人不可思议的环境下，如果王永志退缩、放弃，那么火箭成功发射的时间可能就会延迟。但王永志坚信自己的方案正确，他勇敢地去寻求钱学森的支持，终于创造了奇迹。从王永志的故事看出，“创新”与“勇敢”是奇迹产生的“鸟之两翼”“车之两轮”，缺一不可。形象地说：奇迹=创新+勇敢。

20世纪50年代，苏联开始对载人航天工程进行可行性研究。由于当时苏联第一领导人赫鲁晓夫推行“火箭核大战”战略，载人航天计划没有受到重视，研究工作进展缓慢，这让负责此项工程研究的苏联宇航专家谢尔盖·科罗廖夫心急如焚。1959年5月，苏联当局给科罗廖夫下达秘密指令，要求他尽快开展间谍卫星的设计研究工作。这项指令让科罗廖夫兴奋不已，他以自己的性命和荣誉为赌注，冒险在指令结尾加了一小段文字：“同时设计可用于载人飞行的卫星”。这一冒险改动改变了整个人类的宇航史。

在这“伟大号召”下，科罗廖夫等人加紧开展载人航天工程的研究和试验。到1960年初，运载火箭和飞船都相继问世。与此同时，与苏联进行激烈太空争霸的美国正雄心勃勃地推行“水星计划”，这项计划的核心就是载人飞船。艾森豪威尔政府甚至还放出风来说，1961年5月美国将首次发射载人飞船。此时，赫鲁晓夫坐不住了，他下令给苏联载人航天项目最高优先发展权。苏联各相关部门在科罗廖夫的协调下开始全力以赴。

1960年12月是苏联政府计划首次载人航天时间。但该年10月，一枚航天火箭发生爆炸，造成200多人遇难，载人飞船的发射计划被迫推迟。在此后的几个月里，苏联共发射了4艘无人试验飞船，只有1次获得成功。面对如此低的成功率，不少专家认为暂缓载人航天飞行，但苏联政府和科罗廖夫都不愿再等下去，不愿让美国人抢了太空航行的头彩。1961 年 3 月，苏联连续两次发射无人试验飞船，都获得了成功。有了这两次成功经验，苏联政府和科罗廖夫决定铤而走险。

1961 年 4 月 12 日，苏联“东方”号载人宇宙飞船发射升空。宇航员加加林乘坐飞船在轨道上绕地球飞行了一周，耗时 89 分钟。虽然飞行中加加林有种种不适，但总体上还算顺利，不过在返回地球时却又遇到了麻烦。当加加林返回时，座舱与设备舱不能及时分离，座舱疯狂地旋转。分离过程原本只需 10 秒，但实际上却花了 10 分钟。万幸的是，座舱最终还是与设备舱分离了，加加林安全着陆！这是人类第一次航天飞行，具有划时代的意义。在这成功的背后，是决策者和执行者极大的勇气以及一次又一次的冒险，同时又验证了这道公式：奇迹 = 创新 + 勇敢。

勇敢精神就是一种冒险精神，世界上恐怕没有人心甘情愿地去冒风险，因为风险常常是失败的导火索，但没有冒险就没有大成功。究竟是平平庸庸好，还是勇敢进取好？是随遇而安好，还是大落大起好？不同的人有着不同的回答。

观中华历史，李时珍为写《本草纲目》，遍尝百草；徐霞客不避风雨，不怕虎狼，与长风为伍，与云雾为伴，写下了珍贵的《徐霞客游记》；郑和七下西洋，发展了海外贸易，传播了中华文明……古往今来，那些有杰出贡献的人士，哪一个不是出生入死，哪一个不曾历经坷坎？在 5000 年中华历史中，有几位杰出的政治、经济、军事、科研人士不与冒险相伴？在自然界和人类社会中，存在着无穷无尽的奥秘，要获取新知就需要创新，而创新往往离不开冒险。孙中山在《孙文学说》中所说“知识皆从冒险猛进而来”，讲的就是这个道理。

再观当前社会，“知足常乐”“小富即安”“乐天知命”“三十亩地一头牛，老婆孩子热炕头”等等思想观念在相当一部分人心中根深蒂固。这些意识都是与冒险精神相悖的。现实生活中，我们随处可见由于缺乏冒险精神，许多好想法束之高阁，许多新举措流于空谈，许多好机制难以见效。一个人没有冒险精神不要紧，一群人没有冒险精神也不要紧，如果全体人员都没有冒险精神，那这个民族就危险了。因为科技突飞猛进、经济飞速发展、社会大的变革都是与冒险并行的。所以说，我们不反对一些人墨守成规，求安求稳，中庸处世，但我们不能让所有人都不去冒险。在中国人的文化中增加一点冒险文化，好处是远多于坏处的。当然，冒险也不是盲目冒进、莽撞蛮干，而是讲究科学规律，讲究未雨绸缪，讲究临危不乱，讲究三思而后行。

第24节

精彩人生三件事

——没有人甘心平庸

暴风雨过后，一只蚂蚁艰难地向树上爬去。由于树皮湿漉漉的，蚂蚁爬到一定高度，就掉了下来，但这蚂蚁并不停歇，它又一次向上爬，然而又一次掉下来……就这样，反反复复爬上去、掉下来，这只蚂蚁不知努力了多少次。

有一个人看到了，立刻被蚂蚁屡败屡战的精神感动了。于是，他在今后学习蚂蚁的这种坚毅精神，变得持之以恒和坚韧不拔。

另一个人看到了，不由得叹了口气，自言自语道："我的一生不正如这只蚂蚁吗？忙忙碌碌，一事无成。"于是，他开始寻找问题的症结，反复思索后，终于意识到之所以一事无成，是和这蚂蚁一样脚力不够、冲劲不足。问题找到了，他就在此后一反从前的平庸，不断充电、加油，最终凭借实力，连获佳绩。

第三个人看到了，立时有所感触。他仔细查看这棵树后，喃喃说道："这只蚂蚁真愚蠢，为何不先绕到树的背面？因为树的背面干燥，肯定容易爬上去。"由此及彼，这个人反复叮咛自己：可不能像蚂蚁那样愚蠢。于是，他变得聪明起来，努力冲出自己的不良思维定式，不断去开阔视野、出奇制胜。

观看每个人的一生，如果从思维角度，把经历事情分成两类的话，就是意想不到的事和经常能想到的事；在经常能想到的事中，又分值得称道的事和存有缺陷的事。如此说来，成就精彩人生就是三件事：

一是增亮光辉，就是学习蚂蚁屡败屡战的这种值得称道的精神；

二是弥补缺陷，就是从蚂蚁忙忙碌碌、一事无成的问题中探寻原因，汲取教训、改正自己；

三是开阔思维，就是避免去犯蚂蚁不能另辟蹊径、囿于现状、一条路走到底的错误。

战国时期，齐国、中山国想灭掉燕国。燕昭王便向相国郭隗问计，郭隗对燕昭王奏道："中山国把赵国南北两部领土分割开来，好比一把刀子插进赵国心脏。它存在一天，赵国也不会安宁。如果现在我们向赵国求救，它必会相帮。"于是燕昭王派使节前往赵国。

赵国地处北边，经常与北方游牧民族接触。此时，匈奴崛起。除义渠、中山国外，强大的匈奴统一了西戎、北狄等游牧民族。匈奴自称胡人、天之骄子，不为小礼而自烦。赵武灵王看到匈奴的一些长处：穿窄袖短袄，生活起居和狩猎作战都比较方便；作战时用骑兵、弓箭，与中原的兵车、长矛相比，具有更大的灵活机动性。赵武灵王对众臣说："匈奴的骑兵来如飞鸟，去如绝弦，是当今之快军，带着这样的快军驰骋疆场，哪能不取胜?"赵武灵王又说："为了富国强兵，我们应该习骑射，而华夏传统服装长袍宽袖不便于骑马射箭，所以为了习骑射，还要着短衣紧袖的胡服，取匈奴之长补中原之短。"话刚落地，众臣纷纷说："如果胡服骑射，这是变古之教、易古之道、逆人之心。"赵武灵王之叔赵成尤其反对。赵武灵王驳斥说："德才皆备的人做事都是根据实际变化而采取灵活对策，怎样有利于国家昌盛就怎样去做。只要对富国强兵有利，何必拘泥于古人旧法?"赵武灵王抱着以胡制胡之决心，毅然发布了胡服骑射政令。

赵武灵王率先着胡服，习骑射，然而群臣响应者无几。赵武灵王便劝群臣道："我们赵国，东有燕、齐，西有强秦，南有韩、魏，北有匈奴，中间还有个中山，处于四面争战之地。当前，中山依仗齐国撑腰，常常侵略我们土地。为了应对四境之敌，除了发扬尚武精神外，必须效法匈奴有利风俗，才能对得住先君留下的这份基业。”赵成听了这番话后，不再阻止改革，欣然接受。第二天，赵成穿胡服上朝。几天内，全国抛弃传统长袍宽袖，改着胡服；部分淘汰兵车，改习骑马射箭。未出一年，赵国便培训出1万名骑术、射术高超的骑兵，实现由车战向骑战的转变。

得意忘形的中山国忘记赵国在后。且说赵武灵王接见燕昭王使节后，便与众臣商议。大夫肥义说：“想让敌人灭亡，最高明的策略是让其自大。自大就会失去朋友、增加弊病，今可派人鼓动中山称王。如其称王，便可离间中山国与齐国的关系。”大夫李兑说：“今齐、楚、秦三国势力相差无几，谁也不愿意看到另外的两国势力增大。现可派使节出使楚、秦二国，联合抵抗齐国。”赵武灵王一一点头，全部照办，分派使节出使中山、楚、秦三国。

赵国使节到了中山说：“现在中山是千乘兵车大国，非昔日可比。如果中山称王，便与赵国平等，可和睦相处，永结友好。”中山国君臣头脑发昏，便着手称王事宜。齐宣王闻知后，大怒说：“中山是齐附国，如中山称王，便与寡人平起平坐，这万万不可。”忙派使节阻止，但中山伐燕胜利，不知天高地厚，自觉是战国八强之一，可与齐国并肩，便不顾齐国反对，依然称王。结果，图虚名而招实祸，与齐国反目，使自己陷入孤立。

赵国派往秦、楚的使节返回，皆说二国不愿看到齐国独大，愿意与赵国联合出兵攻打齐国。

消息传到齐国，齐宣王十分紧张，便向稷下学宫上宾孟子问计。孟子劝他归还珍宝，然后撤军，并与燕人相商，为燕国迎立新王。尽管孟子纵横论证、说理透彻，但齐宣王已经到手的肥肉不想扔掉，便不听孟子的建议。

闻听赵、秦、楚助燕抗齐后，燕昭王便派人往各地送檄书，说明恢复燕国的大义。除10座城池外，各郡邑已降齐国的，又全都叛齐归燕。齐国将军匡章不能禁止，只好班师回国。齐军撤出燕国后，中山以倾国之力夺取的大片土地也被燕国收回。

在这段历史中，赵国之所以创下奇迹，得益于三件事：增亮光辉、弥补缺陷、开阔思维。

没有一个人甘心去过平平庸庸的一生，即使是小草也在努力为春天增添一丝绿色，希望在春回大地时留下自己的身影。对于成长中的人来说，未必人人都能成为一块好钢。如果某个人是一块临时无用的生铁，这并不要紧，这不必自卑，只要经过淬火和锤炼，就一定能成为一块好钢。其实这淬火和锤炼，就是三件事：增亮光辉、弥补缺陷、开阔思维。

第25节

一枚硬币

——善有善报

我们用寓言来讲述一个故事。

话说世间有一位能力非凡的神，名叫善有善报神仙。他的职责就如同他的名字一样，让好人得到好报。

18世纪，那时的火车制动装置落后，火车司机必须用手去扳动制动手轮，既不方便又缺效率。因此，车祸经常发生。某一天，一起可怕的火车车祸又发生了，许多人为之丧命。这一幕，被一位穷苦的年轻人看到了，他是位机械师，他意识到车祸原因是火车制动力量不够，从而不能迅速停车，要想解决此问题，必须发明一种新式火车制动装置。此刻，这位机械师下定决心要发明一种新式制动器，从根本上解除火车车祸频发的问题。

年轻机械师的善心被善有善报神仙发现了，善有善报神仙打算帮帮他。

当年轻机械师闷闷不乐地坐在家里苦思冥想时，传来敲门声。这是普普通通的敲门声，年轻的机械师随手打开房门，他没有想到这是善有善报神仙特意安排来的。

门开了，一个衣着破旧的小女孩走了进来，向年轻机械师推销当天的新闻报纸。年轻机械师告诉她没有钱买，确实他现在连吃饭都成问题。就在小女孩转身向门外走去的时候，机械师注意到了小女孩那张清瘦的面孔和那双忧伤的眼神。非常具有同情与怜悯之心的年轻机械师立即请小女孩稍等。他仔细搜索了每一个口袋和橱柜的每个抽屉，终于找到了可以购买一份报纸的硬币。

机械师根本没有想到要从那张报纸上获得什么，但善有善报神仙却因为他的善心，改变了他的命运。年轻机械师又因此改变了全世界人的命运。

那份报纸描述了当时在蒙尼山下开凿一条隧道的情况。细心的机械师发现工人们在开凿隧道时用了大功率的凿岩机，而这凿岩机是由压缩空气驱动的。压缩空气来驱动？职业的敏感让他神经异常兴奋。他想，如果压缩空气能够在隧道里推动凿岩机，那么压缩空气也能够让沉重的列车停下来。如果报纸描述的情况是真实的，那么就说明压缩空气力量是巨大的，完全可以利用它来驱动火车制动器。事实证明，他的想法是正确的。经过多次的实验与尝试后，一种新式制动器诞生了。这项发明，应用到火车上后，避免了世界各地千千万万次的车祸。

这则寓言式故事讲完了。其实，不用说，每个人心里都清楚，现实生活中，神仙是不存在的，但善有善报的社会玄机却是无时无处不在的。虽然善有善报神仙不存在，但这则发明新式制动器的经历却是真实的。那位年轻机械师就是法国压缩空气制动器的发明人威斯汀豪斯。他受报纸新闻的启发，做出了一件伟大的贡献。当记者问他这项重大发明的研发成本时，威斯汀豪斯不无幽默地说：“一枚硬币。”如果没有那份研制新式制动器的豪情，如果没有那份同情卖报小姑娘的善心，或许压缩空气制动器的问世要拖后若干年！

现在不讲寓言，而讲一个真实的生活故事。

有一位中年妇女，家里极为贫穷，并且患有严重的心脏病。她感觉自己剩下的日子不多了，便想做点对社会有益的事情，于是瞒着家人，自己坐上长途客车，到附近的一座大城市医院去捐献自己的角膜。

一路奔波，她终于快到这座大城市了，然而这时候，她的心脏开始剧烈地疼痛了。她一会儿躺下，一会儿坐起，疼痛不已。旁边的乘客问清原因后，急忙在车内大声喊道：有没有乘客懂医的，有没有哪人身上带有心脏病药物。

也真巧，车上真有一位医生。这位乘客在看了她的病情后，让她以最好的姿势坐好，然后打开车窗。新鲜空气进来后，这位中年妇女的病情慢慢好转了。

长途客车继续前行，在乘客们的一致要求下，客车破例直接开到了这位妇女要去的医院。到达医院前，还有好心人提前与医院进行了联系。

负责角膜捐献的医生迅速赶来迎接这位令人感动的中年妇女。妇女一见到大夫，就立刻要求进行角膜摘除手术。

大夫对她说：“你不要着急，捐献角膜也不是说捐就捐的，要先体检才行。”

在接下来的几天里，医院给她做了一次详细的检查，结论是她的心脏病虽然很严重，但也不是不治之症。医院决定给她做心脏手术，当然是免费的，他们也是为这位妇女的崇高精神所感动。

心脏手术很成功，而这位妇女还惦记着捐献角膜呢！

大夫对她笑笑道：“你的心脏病好了，我们怎么能摘除你的角膜呢？要知道，我们摘除角膜都是在人死后或者临终前进行的。您别急，既然你已经决定要捐献角膜了，总有机会的。”

这位中年妇女感动得痛哭流涕。

工作生活中，虽然有时候善没善报，虽然有时候一枚硬币的善举微乎其微，虽然人们可能认为威斯汀豪斯以及患有心脏病妇女的善有善报纯属巧合，但不管怎样，我们都不能怀疑善有善报，都不能亵渎善有善报。

善良是一种人生的境界，是一种对事情的高瞻远瞩。种下善因，必有善果，善行必有善报。

我们不奢望人们天天去行善，行大善，但企望人们时时宣传善行，处处鼓励善行。

第 26 节

看到白纸了吗

——你就是个非凡的人

一个大学生喜欢看《参考消息》。一次，他从上面看到一则消息——当一位大使问联合国秘书长安南成功的秘诀时，安南给他讲了这样一件往事：我至今记得 17 岁时老师给我们上的一堂课。一天，库马西寄宿学校的一位老师走进教室，手里拿着一张画有一个黑点的白纸。他问我们："孩子们，你们看到了什么？"我们齐声回答："一个黑点！"这时，老师说："难道你们谁也没有看到这张白纸吗？在今后的生活中你们可不要这样啊！"

或许正因为如此，在这充满变幻、纷繁复杂的世界里，安南能够以自己敏锐的洞察力，从黑云压城、剑拔弩张的气氛中，看见和平的橄榄枝——这张普通但又出奇的"白纸"。

看到这则消息时，这位大学生的心中颇多感慨。他明白能够看到"白纸"并非简单，实际上需要一种非凡的智慧。由此，他想起了一件往事。

8 年前的一次大学毕业生供需见面会上，上海一家著名私营企业的高薪秘书职位特别引人注目。他的许多漂亮女同学纷纷前去应聘，可带回来的除了失望就是茫然。同学们评论说，这个年薪 6 万元的招聘职位，看来只有巩俐式的美女才能如愿以偿。

从同学们带回来的信息中，大家了解到，这家公司的总经理是 20 世纪 80 年代中期白手起家的。当时，他与妻子从北方一家小化工厂双双南下，从一间小作坊干起，发展成为目前拥有数亿元资产的公司。这家公司有一件事特别怪，就是他们对总经理秘书这个职位要求非常苛刻，3 年间这个职位已经换了 5 人。

就在同学们不再抱有希望的时候，丑女李文胸有成竹地前去应聘了。可以说，她是那些毕业生中长得虽丑却很出色的同学。一方面，她塌鼻梁、肿眼泡、厚嘴唇、大脑壳，另一方面，她拥有计算机 A 级证书、英语六级证书以及若干各类比赛获奖证书。她是个老师和同学称赞，但在 4 年大学生活里无俊男追求的女孩子。

就在她说出她的打算时，同学们忍不住笑出声来。有的同学说，总经理秘书这块天鹅肉你能吃吗？有的同学说，坐镇这个高薪职位的金丝雀能是你吗？面对这些坦率与讥讽并存的劝阻，李文说出了理由：这个职位换得如此勤，无疑两种原因。一是角色不称职，二是发生在角色以外的事情太多。如果是后者，对自己来说，无疑是个机会。

事实证明李文的判断是准确的。

原来这对夫妇事业有成了，感情危机也出现了。个中原因，不言自明。有关总经理的桃色事件，让老板娘受尽折磨。念及与丈夫同患难创下的基业和共同养育的儿子，老板娘一次次强忍怒火。她所采取的解决办法就是让女秘书走马灯似的更换。

在那间曾经多次组织此类招聘的考场上方，坐着总经理夫妇俩和公司有关人员。宽阔的大厅内，总经理风流倜傥，老板娘高贵典雅。李文的丑与老板娘的美如此不协调地存在于一个空间里，出色的答辩、高超的文字水平以及美与丑的强烈反差使得老板娘在考试结束后重又细细审视了李文 5 分钟。

“祝贺你，你被录取了。”老板娘说。她走下台来，向李文伸出了手。

8 年时间过去了，李文已经是这家公司的中层领导。她深得总经理的器重，也深得老板娘的信赖。这些荣耀，倒不是主要因为她的丑，而是主要因为她的聪慧。至今，她的同学依旧佩服她的那种能够看到“白纸”的独具眼光。这种眼光，使她获得了令人羡慕的职位，也使她在这家公司里取得了骄人的成绩。

又有这样一个故事。一位专家问大家：“你们说，开车人进了加油站最想完成的事情是什么？”人们回答说：“开车的人进加油站还能干什么？加油！”超过一半的人都这样回答。从专家略显失望的眼神里，大家看出这显然不是他所期望的答案，所以又补充了“歇会儿”“买吃的”“上厕所”等几个答案。专家最后说：“开车人进了加油站，是想早一点离开加油站，继续他的旅程，您说是不是？”大家恍然大悟，禁不住说：“我怎么没想到呢？”专家又解释说，每个人做事都会有具体目的，而这个具体目的又应该是从属于一个远大目标。

不要小瞧了这种看到“白纸”的功夫。假若你当时也坐在库马西寄宿学校的教室里，面对那位老师的提问，你能作出与众不同的回答吗？

如果能，你就是个非凡的人。如果你再拥有勤奋，那么你肯定能开拓出一方崭新的天地来。

如果不能，建议你不妨像安南那样，牢记库马西寄宿学校老师的教导，说不定因此你会在沙漠里建成绿洲，在平凡中酿出伟大，信乎？

第 27 节

葡萄园哲学

——看问题要看本质

迈克是个孤儿，长到 18 岁，也没享过福。就像石头缝里长出的“硒砂瓜”甘甜爽口、营养丰富一样，迈克心地善良、乐于助人。一天，迈克在火车站游逛，忽然发现一位衣着朴素的老人晕倒。周边人都过去围观，只有迈克跑去把医生请来。这位老人是心脏病发作，医生给他做了快速胸部按压后，他就醒过来了。

老人向医生道谢，医生说：“不用谢我，要谢就谢这位小伙子吧。”医生指了指迈克。

老人又向迈克说：“你心地真好，好人会有好报。”迈克撇了撇嘴说：“我们都是穷苦人，穷苦的人应该互相帮助。我没有值得您感谢的地方。”老人笑了笑说：“我叫西蒙，虽然衣着简朴，但还有几块葡萄庄园，算不上是很穷的人。我心脏不好，现在想到这几块庄园去看一看，如果你有时间的话，就陪我一起去吧。”老人看着迈克，双眼中充满了期待。迈克也没工作，就答应了这位老人的请求。

两个人坐上火车，一起往勃艮第地区赶，那儿有西蒙的一座葡萄庄园。旅途中，西蒙知道了迈克的不幸，也了解了迈克的纯朴本性。到了勃艮第后，西蒙领着迈克来到了自己的葡萄庄园。这儿的葡萄树密密麻麻，一株连着一株。每株树上的葡萄果实饱满，色泽鲜亮，既像天上明媚赤红的云霞，又像姑娘胸前鲜红耀眼的珠玉。迈克觉得自己来到了世间美景、人间天堂。此时的迈克想，要是自己能像西蒙那样拥有一座这样的葡萄庄园，这辈子就满足了。西蒙看了看葡萄长势，问候了一下看护农工，就与迈克到宾馆休息了。

第二天，两个人换乘汽车赶往波尔多地区，那儿也有西蒙的一座葡萄庄园。与第一座葡萄庄园不同的是，这儿的葡萄植株稀稀松松，长势也不如上一座庄园的好。迈克想，为什么这儿的葡萄产量不如昨天看的呢？迈克瞅了瞅土地，立刻便明白了，原来这儿的土壤是砾石地，远远不如勃艮第地区的土地肥沃。迈克自言自语道："土地贫瘠，葡萄自然长势不好。"西蒙听到了，但没有说什么。

第三天，两人又来到了位于莎布利地区的葡萄庄园。这里的葡萄树还是稀松，并且每株葡萄树仅留一串果实，其余都剪掉了。树上的葡萄是淡而又淡的绿色或金黄色。虽然葡萄极少，但整个庄园充满了阳光和自然气息。迈克又习惯性地瞅了瞅土壤，发现这儿比第二座葡萄庄园的土壤更坏，混杂有大量的沙砾、石块。迈克想，如果经营这样的庄园，那么生计就非常艰难了。靠这么几串葡萄收入的钱，肯定连个本钱也赚不回来。迈克有点替西蒙难过，但迈克发现现在的西蒙乐滋滋的，一点忧愁感觉也没有。

这天晚上，西蒙与迈克一起共进晚餐。品尝着清淡的禽肉、芳香的乳酪，西蒙向迈克说："小伙子，是你救了我这条老命。我不能仅仅口头上表示感谢，我应该拿出实际行动来回报你。我知道你没有像样的工作，也没有一点资产。我回报你最好的办法就是送你一份工作、送你一些资产。我有三处葡萄庄园，它们面积都差不多。我想送你一处，你看中哪一处，现在就告诉我。"迈克连连摆手说："我救您，只是举手之劳，我怎么能乞求您的回报呢？"西蒙说："一百座庄园也换不回一条命。另外只有奖励行善，人人才去行善。你就不要推辞了。我请你陪我，其实就是为了送你一处葡萄庄园。三天过去了，这种想法越来越强烈。"迈克又是推辞，但西蒙执意要送。迈克见推辞不过，就说："那我就要位于莎布利地区的葡萄庄园吧。我有的是力气，可以用心去经营它。"此时的迈克虽然想要第一座庄园，但他知道做人要知足，所以迈克想把西蒙的这个“亏损包袱”给揽过来，减轻他的压力。不料西蒙惊讶地说：“小伙子，想不到你这么年轻，竟然这么有眼光！”迈克大为不解。

西蒙打开一瓶淡黄色、澄清透明的干白葡萄酒，倒了一杯送给迈克说：“这酒就是你的葡萄庄园的霞多丽葡萄酿成的，你尝一尝。”迈克喝了一口，觉得里面有一股梨子的清新果味，过一会儿，觉得这酒是成熟的桃子味；再喝一下，感觉口里有一抹香草和太妃糖的甜香萦绕其间。这葡萄酒实在是太好喝了，酸度恰到好处，口感紧实，回味绵长。西蒙笑了笑说：“这种葡萄酒甘冽芳醇，其劲道和复杂多层的梦幻感觉让人们想起了这世间最幸福的事情。之所以这么好，是因为这座庄园的葡萄非常稀少，集中了整块地的精华。”

西蒙认真地说，迈克认真地听。西蒙越讲越有劲，继续说道：“别看第一座葡萄庄园的产量高，但收入每年仅仅是几千美金。第二座葡萄庄园的产量虽少，但收入却是第一座葡萄庄园的几倍。第三座葡萄庄园，现在已经归属你了。它非常神奇，虽然产量极少，但收入却是第一座葡萄庄园的几十倍。闻名全球的异常珍贵的莎当妮特酿干白葡萄酒就是用这座庄园的葡萄生产的。”

迈克非常不理解，问道：“为什么茂盛的葡萄庄园收入低，贫瘠的葡萄庄园反而收入高呢?”西蒙笑了笑说：“酿酒葡萄只有收成概念，而没有丰收概念。好收成并不意味着产量高，而是意味着葡萄的成熟度好、果皮呈色佳、酸度和糖分适当。品质越高的葡萄酒，其产地往往都有严格的葡萄产量限制。另外，土地越贫瘠，葡萄酒越好。正是在贫瘠的土地，葡萄藤的根系才会穿透坚硬的岩层，向地层深处延伸，汲取地层深处的地下水和氮、磷、钾、钙、镁、铁等矿物质，结出沉积深厚的果实，从而才能酿造出酒体丰满、口感坚实、香味丰沛的葡萄酒。如果土壤的营养过于丰富，便会使葡萄生长过旺而导致葡萄不能成熟，这样酿成的酒的组成便会不平衡。相反，贫瘠的土壤虽然限制了葡萄的产量，但结出的葡萄所含的成分反而会更加复杂，因此品种好的葡萄大都生长在贫瘠的土地上。当今世界上，葡萄酒消费呈快速上升趋势，但贫瘠的土地、有限的产量，永远是葡萄园的基本哲学。”

迈克想了想说：“我明白了，决定河流的大小不在源头，而在终点。决定葡萄园的收益不在其外表和产量，而在终端市场上的价值。”西蒙又笑了，比以前更纯真、更开朗。西蒙说：“把这座葡萄园送给你，是我最开心的事。”迈克也笑了，心中充满了对未来美好的憧憬。

在这个故事中，迈克明白的是透过现象看本质。有关看问题要看本质的经典例子是伯乐相马。

这伯乐，真名叫孙阳，是相马专家。传说天上管理马匹的神叫伯乐，因此孙阳便以伯乐自称，伯乐之名亦因他而闻名于天下。一天，伯乐孙阳在途经太行山时，偶然发现一匹马拉着沉重的车子在崎岖的山路上吃力地爬行，蹄子磨坏了，膝盖上尽是肮脏的瘀血，尾部已溃疡化脓，整匹马瘦得皮包骨头。伯乐根据自己的经验，认定这是一匹千里马，于是毫不犹豫地买下了它。经过一段时间精心的调养，这匹马终于焕发出与众不同的英姿，成为天下无双的宝马。伯乐因高明的相马术而被秦穆公召来。

秦穆公对伯乐说：“你的年纪一天比一天大了，不知你的子孙辈中有继承你的相马本领的吗？”伯乐答道：“君主，真是可惜得很，我的子孙中没有一个人比得上我，倒是我的好朋友九方皋，他相马的本领不在我之下。”

九方皋是一个以打柴为生的年轻人，秦穆公派人请来了九方皋，问他：“伯乐说先生相马的本领高强，你能告诉寡人千里马有什么特点吗？”年轻的九方皋答道：“千里马是世所罕见的宝物，只可意会，不可言传！”秦穆公命九方皋出去寻找千里马。

过了三天，九方皋兴冲冲地跑来报告说，已为秦穆公觅到了一匹第一流的好马。秦穆公高兴地问：“是匹怎样的马？”九方皋答：“是匹黄色的母马。”秦穆公让人把马儿牵来，谁知竟是一匹黑色的公马。

秦穆公对伯乐说：“你推荐的那位先生连马的颜色和雌雄都分辨不

清，寡人怎么能相信他推荐的是匹好马呢？”伯乐答道：“君主您有所不知，会相马的人，一眼便能看中马的内在灵性。至于马的颜色、外貌和雌雄因为不会影响到一匹好马的品性，所以九方皋把这些给忽略了，或许他根本也没理会这些。君主您尽可放心。”

后来，秦穆公派人一试九方皋觅来的马，果然是一匹天下少有的骏马。

秦穆公见相马术非常神奇，便又召来伯乐说：“寡人可以学相马之术吗？”伯乐对秦穆公说：“您是一国之君，不必学相马之术，学会识人之术便可纵横天下。其实相马之术与识人之术有很多共同之处，比如识别栋梁之材，要注重他的学识、经验和智慧，而不应去看重他的年龄、相貌、出身。这个世界上，千里马式人才并不少，但却因无明君能识，以至多被埋没。在生活中，有时候人才明明就在你面前，但许多人却雾里看花、视而不见。”秦穆公不断点头，深深记在脑海之中。

伯乐是个极为聪明之人，他把看问题要看本质的理念传授给秦穆公，从而让秦穆公成为一代霸主。

同样的一把锁，为何坚实粗大的铁杆无法将它撬开，而瘦小的钥匙却轻易将它打开了呢？因为钥匙最了解它的心。同样的一把锁，同样的一个问题，也许我们只要轻轻转动一下手中的钥匙就能把它打开，也许我们费尽周折它也无动于衷。现实生活中充满了选择与诱惑，繁杂的现象模糊了我们的双眼，使我们迷失了方向。我们常常煎熬于事倍功半的泥沼，因为我们没有透过现象看本质的慧眼。上至包罗万象的社会现象，下至我们繁杂的生活琐事，唯有认清问题的根源，我们才能找到对应的解决办法。透过现象看本质，用这把钥匙去打开通往成功的大门吧！

第28节

造就传奇

——一种神秘力量

先说说一个人。1979年1月19日，一位19岁的青年在滑雪时突发奇想，要从朋友张开的双腿间滑过去，结果却撞到了朋友的身体上，折断了脖子，导致颈以下全身瘫痪。自此以后，一个高大英俊的青年，变成了一个只能摇头的残疾者，终生依靠轮椅生活。

再说说第二个人。他会驾驶汽车，这不足为怪，但他不是飞行员，却能自由驾驶飞机在空中翱翔，这就不简单了。1993年，当他33岁的时候，竞选温哥华市议员，成功了。在连续做了12年市议员后，2005年，他被温哥华市民推上了市长的宝座。单说这些，没有什么惊人之处。但如果说第一个人和第二个人是同一个人，那就恐怕有些出乎人们的意料了。事实就是如此，我们刚才说的第一个人和第二个人原本就是同一人，这个人就是加拿大的萨姆·苏利文。

一个四肢瘫痪的人，活着本已不易，但苏利文用自己的经历，证明了残疾人坐在轮椅上也可以走得很远：除了刚才说的那些成就外，还有工商管理硕士、多个非赢利助残团体的创建人、多种助残设备的发明人、加拿大勋章获得者……可以说，苏利文是个不折不扣的奇人。

让我们来回顾一下这段传奇经历的几个片断吧。

在折断脖子后的几年里，待在家里的苏利文陷入了选择生还是死的挣扎中。他把受伤前自己打工赚取的钱都取了出来，买了辆专门为残疾人设计的汽车。为了不让父母太伤心，他设计了开车坠崖这种自杀方式，所幸的是，他的几次“坠崖练车”都没有成功。此后，要强的苏利文不忍再拖累两位老人，便坚持离开了家，搬到了一个半公益半赢利性的公寓。

一天晚上，苏利文又一次独自在房间中品味绝望的痛苦。他盯着空白的四壁，感觉自己的生命就像它们一样空虚。他推着轮椅来到户外，看到远处的城区正掩映在落日的余晖中。他想那里有沸腾的生命活力，人们正在摇动着生活风帆向前航行。此刻，苏利文忽然想到自己的大脑很好用，也能够独立吃饭穿衣，甚至还能微笑。苏利文决心要成为他们中的一员！“我也要做一个完整的人，我要工作。”苏利文此时对自己说道，“受伤前我有10亿个机会，而现在我还有5亿个。”从那一刻起，一个新的萨姆·苏利文诞生了。

从那以后，苏利文广泛涉猎知识，勇于挑战生活。他不但学会了驾驶飞机，而且还教会了另外20位残疾人飞行。由于温哥华人口中华人超过1/3，在加拿大土生土长的苏利文还学会了中国广东话，这在他以后的竞选中收效奇特。苏利文一讲广东话，就会得到华人的掌声和鼓励。市长选举中，华人几乎把选票都投给了苏利文。

是什么神秘的力量将这传奇经历赋予萨姆·苏利文？

答案是不屈不挠地与生活抗争的精神。

苏利文年轻时把脖子摔断，几十年过去，换了别人，也许早就厌倦人世或是默默无闻了，可苏利文却把命运演绎到了极致。他经历了痛不欲生的时光，但他没有消沉下去，更没有怨天尤人，而是不屈不挠地奋斗，结果生活给予了他传奇和精彩。苏利文说过：“我们一生中会发生许多意想不到的事情，有些是好事，有些则很不幸。一个人能走多远取决于他面对挑战时的表现，这与他是否坐轮椅无关。”

再说说一个人。1953年7月，一个小孩出生了。不幸的是，在他一岁多时，患了小儿麻痹症。得知这个消息后，他的父母顿感五雷轰顶，因为那时患这种病的孩子几乎无一例外地留有后遗症。后来，经过治疗，这个小孩的小脚趾能活动了，脚脖子也能活动了，但在他上小学时，后遗症还是很明显，走路时左脚微瘸。在他升入中学时，还必须依靠拐杖走路。他每天拄拐杖去上学，本来就一瘸一拐的，再加上路面不平，经常会摔跟头，于是同学们经常嘲笑他。

话说当今一位男演员，文质彬彬，高大魁梧，博学多才，潇洒斯文，主演或参演的电影有：《清凉寺的钟声》《与往事干杯》《洗澡》《说好不分手》；主演或参演的电视剧有：《英雄无悔》《来来往往》《光荣之旅》；主演或参演的话剧有：《古玩》《阮玲玉》《茶馆》等等。在第二届金鹰电视艺术节上，他还被授予最受欢众喜爱的男演员奖。

不用看完介绍，人们便会知道这位男演员是濮存昕。可令人们想不到的是，濮存昕小时候患过小儿麻痹症。惊讶之余，人们不禁会有若干个疑问——为什么病弱的树苗会长成参天大树？

原来，在濮存昕小时候，那些嘲笑，成为他磨炼意志、积极抗争的动力。他有意锻炼那条手术过的腿，虽然每一步都非常吃力，但他忍着痛坚持下去。经过锻炼，他的腿恢复了功能。1977 年，空政话剧团招生，对演戏有浓厚兴趣的濮存昕便去报考，结果顺利地通过了考试。此后，濮存昕如愿调入“北京人艺”，开始了他的艺术道路。

1968 年，第 19 届奥运会在墨西哥城举行。10 月 20 日的马拉松比赛因天气影响，参赛选手成绩平平。17 时 30 分，颁奖结束，观众开始起身离座。18 时 30 分，组委会通知沿途服务站开始撤离，沿途观众开始三三两两回家。但没多久，一个让人吃惊的消息传来：有个选手还在跑！这个人是埃塞俄比亚的约翰 · 史蒂芬 · 阿赫瓦里。他在跑出不到 5 公里后因碰撞而摔倒，膝盖受伤，肩部脱臼，但他并未就此退出，而是一瘸一拐地继续向终点跑去。渐渐地，所有选手都将他远远甩在身后。渐渐地，围拢在街道两侧打气助威的人群已散尽，天色也越来越黯淡。所有人都觉得马拉松比赛已经结束，只有阿赫瓦里本人坚定地跑着。由于剧痛，他的慢跑比寻常人散步还要慢，他的膝盖不停地流淌着鲜血，嘴角也痛苦地抽搐。不知什么时候，他的身边出现了一名男子，这人是《三角洲天空画报》的记者，他不解地问阿赫瓦里："为什么明知毫无胜算，还要拼命跑下去?"阿赫瓦里显然毫无准备，他又默默地"跑"了一会儿，才坚定地答道："我的祖国，把我从1.13万千米外送到这里，不是让我开始比赛，而是要我完成比赛。"被深深感动的记者不但向自己的杂志社发了稿，还立刻把稿件发回奥林匹克新闻中心。阿赫瓦里的名言不一会儿就通过广播回荡在墨西哥城的上空。许多本已回家的市民纷纷赶到路边，为这位勇敢的选手助威、欢呼。在观众的鼓励下，阿赫瓦里拖着伤腿，顶着满天星星，走入了专门为他打开灯光的体育场，几乎是一点一点蹭到了终点线。他被当作英雄般簇拥着，受到了远比冠军更隆重的礼遇。由于过于激动，人们忘了统计他的确切成绩，在奥运成绩册上只有他获得的名次：75人中的第57名。排在他之后的18位选手，都是因为各种原因中途退场。从墨西哥归来，阿赫瓦里发现自己成了名人。他选择了继续马拉松运动，他的成绩还不错：东非地区马拉松比赛第一。他还收获了爱情，一位女粉丝通过村里邻居的介绍，成为他的妻子，后来为他生育了6个子女。

不屈不挠是课本上常见的一个词汇，比喻在压力和困难面前不屈服。不屈不挠，是对英雄人物的赞美。在困境中，不屈不挠地与生活抗争，一定会度过眼前的危机，迎来更好的明天。一件事能否成功，取决于一个人的意志是否坚强。站起来的人才是勇敢的人，勇敢的人才是能成就大事的人。勇敢地去面对生活以及工作中的一切艰难险阻，就能由平凡走向不平凡。不平凡的人，一定具有钢铁般的坚强意志。一个人要想获得成功，一定要度过一段又一段漫长难熬的苦日子。只要你有一种不屈不挠的精神，积极地和命运抗争下去，你一定能够缔造出一个既美丽又灿烂的光辉人生。

"艰难困苦，玉汝于成。"困难，会磨炼人的意志，升华人的精神，促进人的成熟，完善人的品格。把不幸读懂的人，他的心里就会产生强大的震撼力，从而做出一番壮举。就像一块生铁，要想成为利刃，就要经历烈火的焚烧，就要经历千百次的锤炼，就要经历艰辛的磨砺，只有这样，漂亮而锋利的刀刃才算成形。“不经一番寒彻骨，那得梅花扑鼻香。”有了苦难不要怕，只要再有毅力和目标，照样可以做出惊天地、泣鬼神的业绩来。

第29节

好运眼前晃

——不要自卑和痛苦

在宋代，有位青年进京赶考。路上，他见某家大门外悬挂着走马灯，灯上写着上联“走马灯，灯马走，灯熄马停步”，下联没有，便暗自记在心中，寻思下联怎么对法。第二天，这位青年应考，主考官指着一杆飞虎旗念道：“飞虎旗，旗虎飞，旗卷虎藏身。”青年顿时想起走马灯上的上联，便以此为对，主考官惊赞不已，当即给他一个最好的考评。回程路上，这位青年又路过那家门外，正好主人在旁。青年随口喊出主考官出的对子。这家主人高兴地将青年请到家中。原来走马灯上的上联是专为择婿而出的。当问明这位青年尚未婚配后，这家主人执意要将女儿许配给他。这上下联都不是青年自己写的，但好运特别青睐他，让他既应对了考试又“捡”来了媳妇。这位青年不是别人，是历史上大名鼎鼎的王安石。据考证，双喜字习俗就是因为这产生并且从此开始流传的。

王安石的好运，确实令人羡慕。抛除其中的传奇色彩和演绎成分，理智地讲，人们虽然很难碰到这等奇遇，但或大或小的好运确是随处可见的。要不信，咱就举例讲一讲。

人们去饭店吃饭，常常遇到这样的情景，大受欢迎、一端上来就被抢个精光的，往往不是那些大鱼大肉，而是清淡的蔬菜或者小菜。这一被人们司空见惯的现象其实就是好运，可绝大多数人没放在心上。一位青年发现了这好运并将其抓住。这位青年叫胡小平，以前靠卖榨菜、酸菜等小菜维持生计。当他发现无论是城市家庭还是宾馆饭店，对各类小菜的需求量都比较大时，就萌生了用统一的品牌包装各地小菜的想法。他注册了“小菜一碟”的商标，并且组建了专业小菜配送公司，结果每年销售额达到1500万元。

再举一例：

某地举办国际五金交易会，其中有样展品是意大利生产的个性钥匙，呆板的普通钥匙披上了绚丽的彩衣，有各式各样的花纹，也有动画片里的卡通人物，还有花草、明星脸、情侣吻、世界名车、个性签名等等，令人十分喜爱。络绎不绝的参观者只是感到眼界大开，但却没有想到这是一个发财的机会。一位打工妹细细琢磨后，认为这是一个时尚商机。经过一番积极联系后，“彩匙E族”钥匙店开业了。这个小小的店面吸引了大批时尚男女。顾客们望着满墙的精美钥匙，都流露出了惊艳的神色。短短10多天时间，这位打工妹就凭借1万元的成本轻松获利近2万元！

其实每一天，我们身边都会围绕着很多的好运，千万不要自卑、痛苦和难过。如果我们有一种这样的精神，看见诗词就留意，看见对联就琢磨，我们就会有许多表现才华的机会；如果我们看见空地就琢磨怎么开店，看见商店就琢磨怎么做老板，我们就会抓住许多的商机……只要我们是有心人，我们就会看到一个其他人很难相信但却真实存在的景象：总有好运在眼前晃。

第30节

金牌的冷与热

——默契的配合

葛菲与顾俊，是人们耳熟能详的杰出羽毛球运动员。她们的“女双配对”，号称“天下第一双”。自1996年3月至1999年间，她们在国际比赛中从未输过一场，连胜的场数有100场左右。这些比赛囊括了亚运会、世界杯、世锦赛、奥运会等各类正规赛事。对于葛菲与顾俊的成就和水平，教练黄楠雁是这样评价的：虽然说每个人的特长和球风都不一样，但葛菲与顾俊两人实在是太全面太优秀了，特别是她们那种默契的配合令人叹为观止，可以说葛菲和顾俊开创的时代令后人难以逾越。

“默契的配合令人叹为观止”，这实在是对“女双配对”的最高礼赞。可有谁想到，这号称“东方不败”的拍档，虽然场上共同训练了十几年，但在场下却私交甚少，“形同陌路”。

2004年12月1日，已经退役三年，现任南京体育学院训练处副处长的葛菲意外地出现在了江苏卫视《女人百分百》的录制现场。在近两个小时的录制过程中，葛菲向人们敞开了心扉，透露了王牌拍档的“秘诀”。原来，不论在国内，还是在国外，葛菲与顾俊从不住在一起。这是教练特地为她们安排的，生怕她们相处过密，容易发生矛盾，并把这种矛盾带到球场上。葛菲回忆说：“两人在一起的这么多年里，私下只一起吃过一次饭，那次吃饭也还是因为羽毛球。那是在悉尼奥运会前，当时两人的成绩都不是很好。由于我们平日缺乏交流，教练就把我们约了出来，一些在球场上不方便说的话，大家就拿到饭桌上来说。这也是我们除了训练比赛外，一起吃的唯一一顿饭。”

一方面，葛菲和顾俊在生活中几乎没有交往；另一方面，两人在比赛场上却是战无不胜，是公认的超级黄金组合。这两方面，看似不可理解，实则是一因一果。就是因为生活中很少来往，所以没有了“两个女孩在一起难免发生的矛盾”，所以不会影响到比赛，珠联璧合，锐不可当。

金牌，是“冷”与“热”的对撞铸就的。有了寂寞，就有拼搏，从而有辉煌；有了失败，就有知耻，从而有后勇；有了冷板凳，就有苦钻研，从而会站上了热奖台……除了这些“冷”与“热”外，还有一种“冷”与“热”，就是葛菲透露的拍档秘诀——生活中“冷”，赛场上“热”。冷热相伴，此消彼长。这秘诀，会引发人们的许多思考。

第31节

摇翅风暴

——这三条值得深思

二战结束后，冷战的阴云笼罩在柏林上空。1948年某一天，西柏林的水陆运输线被突然切断。当时，西柏林尚未从战争的创伤中恢复，根本不具备生产食物和其他生活必需品的能力。为了让居住在这里的250万德国居民生存下去，美、英等军队搭建了一座“空中桥梁”。

在这些众多参与空运的飞行员中，有一位叫哈文森的中尉。一天，他在柏林的军用机场遇到一些孩子。当他把身上仅有的两块口香糖分给孩子们后，哈文森发现孩子们的喜悦和满足无法用言语来形容。此刻，他下决心要让孩子们的喜悦延续下去。为此，他想出了一个独特的点子，就是将糖果包在手绢里，在飞机快要接近地面时，将它们投向地面，送给孩子们。

哈文森想到做到。这些如同小小降落伞似的糖果包撒向地面后，受到了孩子们的极大欢迎。一个名叫梅德塞斯的小女孩，开始害怕飞机的轰隆巨响，后来鼓起勇气和其他孩子一起等待从天而降的糖果，但每次都抢不到。这位女孩一时兴起，给哈文森写了张纸条，请他把糖果直接投进她家后院。想不到，哈文森不久就回信，信中还捎带着糖果。

为了让孩子们能够从柏林上空无数架飞机中辨认出自己，哈文森在每次投下糖果前都要将所驾飞机的翅膀摇晃几下。

著名的“蝴蝶效应”说，一只蝴蝶在巴西轻拍翅膀，可以导致一个月后美国得克萨斯州的一场龙卷风。

哈文森的摇晃飞机翅膀，如同巴西上空的蝴蝶，同样掀起了一场风暴。

西柏林儿童亲切地称哈文森为“摇翅膀叔叔”。关于这个亲切称谓来龙去脉的故事也不胫而走，许多媒体大肆报道，美联社还打了个有趣的标题：柏林上空的糖果轰炸机。这些报道，激发了全美国儿童对西柏林儿童的同情，他们自发地为西柏林儿童攒下了难以计数的各式糖果。

1948 年 12 月 20 日，为了让西柏林儿童过上一个快乐的圣诞节，美英等军制定了一次代号为“圣诞老人”的特别空运任务，所有的运输机装满了从美国各地募集的糖果和玩具。在飞临西柏林机场上空时，所有运输机都做出了一个同样的动作——摇晃飞机翅膀。他们以这种亲切的方式给西柏林孩子们送去了 20 多吨巧克力、口香糖和其他糖果、玩具。

哈文森以及其他飞行员的爱心，就像甜蜜的纽带把美军和德国年轻一代紧密连接在一起。西柏林人乃至德国人至今对美国怀着深深的感激之情，这件事立功不小。

总结哈文森创下的奇迹，我们会得出以下三条结论：爱心是基础，新颖是关键，时势造英雄。这三条值得我们深思。

爱心是冬日里的一束阳光，是春天里的一缕微风，是沙漠中的一泓清泉，是茫茫大海边的一座灯塔；爱心是对幼者无怨的教化，虽愚钝无知而不舍；爱心是对爱人坚定的忠贞，任山崩海枯而不绝。当然，爱心还有对社会的奉献、对非亲人的关怀。爱因斯坦曾经说过：“对于我来说，生命的意义在于设身处地替人着想，忧他人之忧，乐他人之乐。”施以爱心，不图回报，爱心等于奉献。

新颖是成功的要素，只有新颖才能吸引人们的眼光，才能给人们留下深刻的印象。

特定的历史条件，使哈文森的聪明才智显露出来，并相互作用，使哈文森成为了英雄人物。我们可以从每一个英雄身上找到时代的影子，我们不得不承认：时势造英雄。

第 32 节

拼尽全力获成功

——因“聚焦”而成功

每个人都想去获取成功，但过程有难有易。对于那些极难实现的奋斗目标，你是否拼尽全力了呢？

回答以下几个问题，你就知道自己是否用出全部力量了。

▲你是否非常聪明并且学习异常刻苦？

▲为了实现一个看似不可能实现的目标，你是否可以为此放弃优越工作、美好婚姻？

▲为了一个目标，你是否能够埋头奋战几年甚至十几年？

可以说，在简单的三个问题前，都回答“是”的，成千上万人中也找不出几位。大多数人在迈向成功的路上其实并没有拼尽全力。如果你想去领悟成功与努力之间的关系，那么就去品味一下佩雷尔曼吧，他会让我们对获取成功的过程有一个深刻的认识。

佩雷尔曼，1966 年出生在苏联列宁格勒市一个普通知识分子家庭。平凡的父母不能给他提供优越的物质生活条件，却给了他一个好学的头脑。对佩雷尔曼来说，他的童年在 4 岁时就结束了。当同龄人尽情地玩沙堆游戏时，小佩雷尔曼却在埋头啃着小学数学课本。6 岁时，佩雷尔曼已经能轻松自如地在脑子里进行三位数的加减乘除，而他的同龄小伙伴却刚刚学会百位以内的笔算。小学四年级一结束，佩雷尔曼的父母就给他在少年宫报了个数学班。从此，佩雷尔曼每天的时间都被排得满满的。1982 年，少年佩雷尔曼获得了国际代数和几何奥林匹克竞赛金奖。中学毕业后，佩雷尔曼免试进入列宁格勒大学数学系。在大学里，佩雷尔曼像外星人一样聪明，但除了数学什么都不谈。他对自己的外表漫不经心，也从不追求女孩儿。在严寒的冬天里，佩雷尔曼从不戴手套，这是为了方便地记下自己的奇思妙想。在大街或是公交车上，甚至在听音乐会时，佩雷尔曼会随时掏出一个小本子记下自己思考的一些公式。后来，佩雷尔曼考取了捷克洛夫数学研究所的研究生，并在毕业后留在研究所工作。从 1994 年起，他就开始专心破解复杂的庞加莱猜想。因为没有多余精力写学术论文，为此，他丢掉了研究员的职位。成为失业者的佩雷尔曼家徒四壁，与母亲相依为命。他比水还要安静，比草还不起眼儿，相处 7 年邻居竟然不知其名。虽然身处环境难以启齿，但佩雷尔曼依旧默默无闻地潜心研究庞加莱猜想。

什么是庞加莱猜想？它是七大数学难题之一。百余年来，数学家们为了证明这一猜想付出了艰辛的努力，但还是一筹莫展。2003 年，这道难题的曙光显现了——佩雷尔曼在因特网上发表了证明庞加莱猜想的论文。之后，国际数学界经过了 3 年的推敲，认为佩雷尔曼的论证是正确的。为此，在 2006 年 8 月的国际数学家大会上，国际数学联盟宣布将数学界最高荣誉菲尔兹奖授予佩雷尔曼。意外的是，佩雷尔曼拒绝领奖。在菲尔兹奖 70 年的历史上，这还是第一次有人拒绝领奖。一夜之间，佩雷尔曼成为世人瞩目的焦点。

这就是佩雷尔曼，世界上最聪明的数学家之一，淡泊名利，专心致志，为了证明百年数学难题，几乎用尽了全力。

现在让我们来思考一下吧，为什么一百年来世界上顶尖的数学天才没有破解，而只有佩雷尔曼成功了？其中原因，可能是他们没有佩雷尔曼的灵感，也可能是他们没有像佩雷尔曼那样专心研究，也可能是他们没有像佩雷尔曼那样摆脱名缰利锁的困扰……不管是哪种原因，佩雷尔曼的成功会让我们不停地扪心自问：为了获取成功，我们拼尽全力了吗？

据说，曾有一个青年苦恼地对昆虫学家法布尔说：“我不知疲劳地把自己的全部精力都花在我爱好的事业上，结果却收效甚微。”法布尔赞许说：“看来你是一位献身科学的有志青年。”这位青年说：“是啊！我爱科学，可我也爱文学，对音乐和美术我也感兴趣。”法布尔从桌上拿起一个放大镜说：“把你的精力集中到一个焦点上试试，就像这凸透镜一样！”

全球巨富之一比尔·盖茨，多年来只做软件，因为他明白成功必须只做一件事，做到尽善尽美，选择一件恰当的事来做，才能成功。

许多有成就的人物都是因“聚焦”而成功的，就拿法布尔来说，他为了观察昆虫的习性，常达到废寝忘食的地步。有一天，他从早到晚都俯在一块石头上。几位妇女看到后，实在不明白，就议论道：“他花一天工夫，怎么就只看着一块石头，是不是神经不正常了？”其实，为了观察昆虫的习性，法布尔不知花去了多少个日日夜夜。

按照高级神经活动学说的解释，人在做某一件事时，大脑皮质的某一区域就会发生一种兴奋过程，其他相邻的区域则相应发生一种抑制过程。这样，一个兴奋，一个抑制，就构成了注意力的高度集中。历史上，凡是事业真正有成就的人，工作和学习时总是注意力高度集中，达到如痴如醉的程度。

第 33 节

瑞蚨祥传奇

——孟洛川的秘诀

美国零售商业巨头沃尔玛公司创始人沃尔顿曾说：“我创立沃尔玛的最初灵感，来自中国的一家古老商号，它的名字来源于传说中的一种可以带来金钱的昆虫。”这“古老商号”，就是曾经红极一时的百年老字号瑞蚨祥。在清末民初，“身穿瑞蚨祥”，是最光彩、最体面的事了。1949 年 10 月 1 日，新中国升起的第一面五星红旗，面料就是由瑞蚨祥提供的。

沃尔顿所指的“带来金钱的昆虫”就是“瑞蚨祥”中的“蚨”，这是传说中的昆虫。它形似蝉，如果被人偷走了卵，不管多远青蚨也能找到藏卵的地方。如果用青蚨的血涂钱，即使钱花出去，还能再飞回来。因此，青蚨成了财源永远茂盛的象征。

名字起得好，瑞蚨祥经营也非同一般。电视剧《东方商人》的主人公就是瑞蚨祥的掌门人孟洛川。他缔造了一个名贯四海的商业帝国，演绎了一段东方商人的传奇故事。19 世纪末 20 世纪初，孟洛川以雄伟的魄力，先后在济南、北京、青岛、天津等地相继开设了瑞蚨祥分店，在几十年的时间内，孟洛川凭借经营奇才在创业路上春风得意，一马平川。综合分析一下瑞蚨祥的历史，可以发现孟洛川等人经营秘诀有三。

一是得人心。孟洛川深受儒家和为贵、仁爱、礼教等道德规范的浸染，深知只有靠诚信才能创出自己的牌子。他做商人和发财的原则是：

“以礼待客，才能以名得利；以德盛金，方能雄踞天下。”瑞蚨祥与英、荷、日等洋行均有业务往来，并包销英商普丰洋行的“蓝圈狮漂布”、怡和洋行的“乞巧图洋纱”。双方合作极为愉快，各家洋行以瑞蚨祥一向恪守合同，均乐意与之往来。瑞蚨祥从来不做广告宣传，该店以“货真价实”“尺码足”“牌子老”的务实精神让顾客亲身体会“货真价实、童叟无欺”的经营精神。在瑞蚨祥各店铺，雕梁画栋，金碧辉煌，使顾客进店后有一种优美的感受。门内备有长椅，供拉车人休息及存车。前柜也有长凳、茶水，供客人免费休息、饮用。茶的质量决不含糊，哪怕做的是一笔小买卖，赚不到一壶茶钱也绝不敷衍。瑞蚨祥见顾客来先打招呼，喊声“瞧柜”，售货员马上接待，笑脸相迎，热情张罗。特别对楼上的顾客，还要烟茶伺候，伴随顾客选择商品。顾客走时，售货员要把购物包好送到门外，递给顾客，说声：“回见，请下次再来。”在价格不稳定的年景，如果当天有顾客以 8 分一尺的价格买回了绸布，第二天又回来买同样的布，但这时的价格已经涨到了 8 分 5，那么瑞蚨祥宁肯赔本儿，仍会以每尺 8 分的价格卖给这位顾客，让老主顾满意。在瑞蚨祥店里的伙计待遇也很好，除了比其他同业绸布店更高的收入以外，逢年过节或者赶上阴雨连绵的时候，掌柜的都会吩咐厨房，做鱼肉犒劳大家。在这个字号内只要勤劳肯干，循规蹈矩，即是一辈子的铁饭碗，不会有失业之忧。经理多是学徒出身逐步提升的，具有高度事业心，有威信，上下齐心协力，搞好业务。

二是作风严。瑞蚨祥向以字号大、历史悠久、店堂宽宏著称，同时也以严而出名。在孟洛川长达 70 年掌管企业大权的时间里，对内部各层人员的管理是严格有序、铁面无私的。他在同经理掌柜闲谈时，常告诫大家：“生财有大道，生之者众，食之者寡，为之者急，用之者舒，则财恒足矣。”用生、食、为、用作为治店宗旨。他还告诫店员：欲治其国者先齐其家，欲齐其家者先修其身，欲修其身者先正其心。要规规矩矩做人，诚诚恳恳相待。一旦有违背店规店训者，一律从严处理。为此，孟洛川又多了一个店员们悄悄送的外号“孟四阎王”。瑞蚨祥对店员有几条严格纪律，规定招待顾客必须态度和蔼，说话和气，要使顾客高兴而来满意而去，做到有问必答，百挑不厌、百问不烦。如果顾客空手而去，经理就要问：“是柜上货不全，还是有货没给拿?”如果属于后者，店员就被解聘。在这严明的纪律压力下，“逼”得店员不断探索经验，摸透顾客心理。他们有一套接待顾客的语言艺术，让顾客不好意思不买，否则对不起店员的诚恳热情。因为有了严格的纪律，这里店大不欺客、不以衣貌取人，买多买少一律热情招待。顾客感到来这里买东西放心，上不了当。除了纪律严外，瑞蚨祥的严还表现为态度严，它从不迎合降价风，随波逐流，注重店容卫生和职业着装，讲究语言文明，从而为顾客创造一个舒适温馨的购物环境。因为作风严，许多厂家还在匹头上织上“瑞蚨祥监制”字样，用以显示自己的布匹质量过硬。

三是出招猛。“狭路相逢勇者胜。”瑞蚨祥之所以能够在古与今、中与外的大舞台上尽情挥洒着东方商人的魅力，靠的是准确把握时代的脉动，紧随潮流的步伐，并且出招勇猛。在商埠开设鸿记分店，瑞蚨祥遇到了来自本家族隆祥西记的竞争。隆祥虽在实力上不及瑞蚨祥，却一直在暗中与瑞蚨祥较着劲。据有关资料记载，当时有一种“双龙”白布很受欢迎，每尺公议价为 4 分 8，瑞蚨祥则降价为 4 分 2，隆祥也不示弱，降价为 4 分，这样一来两家祥字号的顾客摩肩接踵，争相抢购。当竞争到每尺 3 分 6 时，两字号存货都供不应求，经理们各派伙计打扮成顾客，悄悄到对方店里买回布匹，再用自己的印记售卖。没出几天，许多同行业的小店先受不了了，纷纷到商会请愿，寻求生路。经商会出面调解，两家才平息了这场竞争的风波，握手言和。瑞蚨祥对同业的“拼砸”是赫赫有名的，它的一贯做法是，提出一两种大路货大幅度削价出售，与同业争夺市场，甚至赔钱也卖。因为大路货牌子响，给顾客一种错觉，认为这几种货价钱便宜，其他也必然便宜，从而导致各种商品的多销。实际上瑞蚨祥经营的其他商品价格都相当高，利润达 30% ~50%。细毛皮货品种利润高达一两倍不等。所以拼价的布类即使赔本，因为价值低，比重小，从而无足轻重。瑞蚨祥依靠其优越条件和出招的勇猛，在与同行业的竞争中总占上风，并且在不断的竞争与合作中变得日益成熟，进而成为南北闻名的巨商富豪，在中国工商业发展史上重重地写下了一笔。

由于战乱和孟洛川的去世，瑞蚨祥失去了昔日的风采，但是，以孟洛川为代表的“得人心”“作风严”“出招猛”等经营策略，却在历史的演进中，变得愈加清晰明亮，愈加熠熠生辉。

第 34 节

重算财运

——修改方程式

2050 年，世界超级计算机“无所不能”号问世。它的计算能力已经无所不能。世界上各个机构、全部人口以及所有资源的详细资料全部输入其中，“无所不能”号可以据此演绎计算人类社会的发展。“无所不能”号诞生的第一天，研究人员就用它来重算全世界 60 亿人口的财运。

它是这样来重算的：

“无所不能”号超级计算机将世界上所有的现金以及所有产业，全部混合在一起，平均地分给全球的每一个人，让每个人所拥有的财富一样多。

半个小时后，“无所不能”号超级计算机显示，全球这些财富均等的人们，经济状况开始有显著的改变。有的人因为无法捍卫财产而丧失了他分到的那一份；有的人因为豪赌而一文不名；有的人因为奢侈浪费而迅速破产。另外，有的人因为科学投资而使财富增值；有的人因为擅长管理而使财富一加一大于二；有的人因为巧买巧卖而迅速获得巨利。于是财富分配又重新开始，有些人的钱越来越少，有些人的钱越来越多。这种状况，随着时间的推移而越来越明显。

三个月后，“无所不能”号超级计算机显示，人类贫富悬殊的情况，变得十分惊人。

两年之后，“无所不能”号超级计算机显示，全世界财富的分配情况，将会和均分之前基本没有两样，有钱人基本上还是两年前的那些人。而贫困的人群，没有多大变化。

看完“无所不能”号财运重算结果的研究人员无不惊叹：原来财运是“命中注定”。不过，这个“命”不是上帝设定的，而是由一套方程式决定的，这套方程式的主要元素就是每个人的个性。这个结论，也是“无所不能”号超级计算机计算出的。它分析断定，一个人的个性是命运的主导力量，其他诸如天灾、人祸、疾病、机缘等因素，虽有些影响，但并不大。一个人的财运基本上是由以下几个个性因素决定的：墨守成规往往固守贫穷，叛逆冒险往往迅速致富；眼光敏锐往往成就富翁，眼光短浅往往难以摆脱贫穷；有强烈的赚钱意识往往成就富翁，反之往往穷上加穷；无聊打发时间的人往往只出不进，即使打高尔夫球也不忘带合同书的人往往出少进多……这些，就是决定一个人财运的无情法则。能够超越这套方程式的，目前只有神和鬼，而神和鬼是不存在的。

至此，该篇文章就要结束了。想必读者诸君在一开始就存有疑惑——现在迈入 21 世纪才十几年，离 2050 年还早呢，哪会有这等事！是的，“无所不能”号超级计算机以及它的关于财运的测算，目前充其量只能算是科学幻想。但科学幻想也有它的合理依据。早在 1950 年，当时的世界首富、美国石油大王保罗·盖帝在他的自传中就提出一个十分新颖但掷地有声的设想和观点。这个设想和观点与上面的科学幻想大同小异。保罗·盖帝断言：有些人因为拥有一个好的个性与观念，所以比其他人受到的尊敬多，所以拥有的财富也比别人多。

财运，财运，多少人日夜想财求运！

如果人们想求得一个好的财运，就要学着改变自己的思考方式和自己的处世态度，也就是试着修正自己的个性和决定自己财运的方程式。

第35节

传奇狄仁杰

——高山仰止

唐朝初年，狄仁杰通过科举考试做了个地方小官。俗话说：木秀于林，风必摧之。或许因为狄仁杰太优秀，他遭到了几名官吏的诬陷。当时的工部尚书阎立本受理讯问。他不仅弄清了事情的真相，还发现狄仁杰是个德才兼备的人。阎立本立即给朝廷上书推荐，称狄仁杰是“河曲之明珠，东南之遗宝”。

不久，狄仁杰升任大理丞，他刚正廉明，执法不阿，兢兢业业，一年中判决了大量的积压案件，涉及1.7万人，无冤诉者，一时名声大振，成为朝野推崇备至的断案如神、斩奸除恶的大法官。

禀性正直的狄仁杰敢于犯颜直谏。左卫大将军权善才误砍了昭陵的柏树，唐高宗大怒，命令将其杀死。狄仁杰上奏说罪不当死，唐高宗厉声说道：“砍伐太宗陵上树木，是使我不孝，必须杀他!”狄仁杰神色不变，机敏辩道：“犯颜直谏，自古以来都是非常困难。臣以为遇到桀、纣这样的暴君就难，遇到尧、舜这样的明君就容易。现在陛下因为昭陵一树而杀一大将军。千年之后，后人会说陛下是何种君主呢？所以臣不敢奉命杀权善才，陷陛下于不道。”是当暴君还是当明君？这个难题迫使唐高宗改变了主意，赦免了权善才的死罪。

唐高宗驾崩，武则天临朝称制。豫州刺史李贞起兵反抗，但很快被镇压下去。狄仁杰被任命为新的豫州刺史。到任后，他面临“逆人”问题。李贞起兵时，强迫一批人和他一道叛乱，并授予他们官职。这种人有六七百，他们的家属有5000人。平叛将领张光辅认为，这六七百人，都是“逆人”，必须处决，并籍没他们的家属。狄仁杰反对这样做，认为那些人不是真正的反叛之人。是为民申冤还是盲目护主？是要自己性命还是要坚持真理？这个难题摆在狄仁杰的面前。老成练达的狄仁杰决定避实就虚、避锋就钝。他给武则天写了一封密信，倾诉自己的复杂心情：如果他不如实反映，就体现不出武则天对百姓的怜恤之情；如果他正式进表上谏，又会给人留下为“逆人”申理的把柄……武则天是何等聪明之人！她看完信就明白了狄仁杰的苦心、忠心和良心。于是，武则天下令改“逆人”死刑为流放。

因为得罪了张光辅，狄仁杰被贬为洛州司马。不过，因为此事，狄仁杰在武则天心中留下了良好印象。她做了皇帝后，狄仁杰随即被任命为宰相。她对狄仁杰说：“你在豫州的时候，办了许多好事。可是有人谗毁你，你知道谗毁者是谁吗？”狄仁杰说：“臣不愿知道。如果陛下认为臣在豫州所作所为是错误的，请陛下指出，臣愿加以改正。如果陛下认为臣没有错误，那就是臣的福分了，臣又何必要知道谁是谗毁者呢？”狄仁杰的话不但避免了不必要的烦恼，而且在武则天心中印象更好了。

武则天的侄儿武承嗣想做太子。为了达到这个目的，他想杀掉一批大臣以立威。于是，武承嗣指使人控告狄仁杰，说他犯有谋反罪。武则天把这案子交与酷吏来俊臣审理，并作出吩咐，要弄明真相，但不准动刑。与武承嗣勾结在一起的来俊臣并没按照武则大吩咐的去办，他对狄仁杰施加了酷刑。在这种险恶环境里，狄仁杰作了妥协，承认谋反，来俊臣就不再用刑。这时，有一个判官对狄仁杰说，如果供认几位同谋的话，就可以免死。正直的狄仁杰说：“皇天后土，狄仁杰岂能做这样的事情！”说着以头撞柱，血流满面，这判官一看就不再逼问了。

在稍稍喘息的时间里，狄仁杰把是非曲直写成材料，藏进棉衣里，对狱吏说：“天气热了，棉衣穿不住，请替我把棉衣送回家去，换件单薄一点的来。”狱吏同意了他的要求。棉衣被送回家后，其子狄光远发现了书信，便上呈武则天诉冤。听到狄仁杰冤屈的消息后，一位大臣上奏武则天说，所有来俊臣判决的谋反罪，都是酷刑下的产物。听此一说，武则天便决定召见狄仁杰："你为什么要承认谋反?"狄仁杰答道："我如果不承认，早就被来俊臣拷打致死了。"武则天又问："那你为什么要上谢死表?"狄仁杰说："我没有呀!"此时，武则天明白有一伙人用连环计来陷害狄仁杰。武则天免除了狄仁杰死刑，下贬为彭泽令。武承嗣对武则天的这个判决，深为失望。他多次向武则天进言，要求武则天改变决定，把狄仁杰杀掉，但武则天坚决不从。

查查史料就知道，很少有人能逃出武承嗣、来俊臣的魔掌，但狄仁杰活了下来，而且四年后恢复了宰相职务。从这以后，武则天见到狄仁杰，就以"国老"相称。狄仁杰上朝，武则天不让他下拜，说每见国老下拜，便于心不忍。

狄仁杰开始为兴复唐室作艰苦努力。

一次，武则天问狄仁杰，该立自己的儿子为太子还是该立侄子为太子。狄仁杰说："请陛下想一想，姑侄和母子，哪一个更亲?陛下如果立儿子为嗣，那么千秋万岁之后，还可以配享太庙，作为帝王之母祭祀无穷。如果立侄子为嗣，臣等可从来没有听说过有哪个皇帝会给他姑妈立庙的。"

一天，武则天带着一种不安的情绪，和近臣们谈起她的一个梦。她梦见一只又大又美的鹦鹉的两个翅膀折断了。武则天要求近臣们对这个梦作解释。一阵沉默之后，狄仁杰说话了："臣以为，那只大而美的鹦鹉就是陛下自己，因为陛下姓武。"这个解释是有根据的，武则天常用鹦鹉来比拟自己。"两翅，就是陛下的两个儿子。"狄仁杰指的是李显与李旦。"现在，他们都处于被囚禁的地位，这就是两翅折断的意思。没有翅膀的鹦鹉不能飞翔，陛下起用二子，鹦鹉就能飞翔了。"

此后，武则天以治病为名，将被废的唐中宗李显从外地接回洛阳，藏在宫中。武则天召见狄仁杰。狄仁杰再次慷慨陈词，劝武则天立儿子为太子。武则天打断了他的话，把李显从幕帐后唤出，很亲切地对狄仁杰说："朕现在就把储君交给你了！"又对李显说："快拜谢国老吧，是国老让你复位的。"

李显虽被立为太子，但地位不甚巩固。为了巩固李显的储位，让他将来能够顺利地当上皇帝，狄仁杰把许多忠心于唐皇室的人物，推荐给武则天。其中，狄仁杰推荐张柬之，意义尤为重大。某天，武则天要求狄仁杰推荐人才。狄仁杰说："荆州长史张柬之，应该重用。我相信他一定会对陛下感恩戴德。"于是，武则天将张柬之调为洛州司马。隔了一段时间，武则天又要求狄仁杰推荐人才。"臣已向您推荐张柬之了呀！"狄仁杰回答说。"我已经提升了他！"武则天说。"我所推荐的是宰相，不是一般的司马呀！"狄仁杰说道。于是，武则天又将张柬之调升为秋官侍郎。

狄仁杰71岁时，患病去世。武则天痛哭失声道："朝堂空矣！"以后，每遇大事难决，武则天总是怅然若失："天夺我国老！天夺我国老啊！"

狄仁杰去世后的第四年，张柬之做了宰相。不久，张柬之发动政变将李显推上帝位。

不但中国有《狄公案》，而且一位名叫高罗佩的荷兰人也写了不少狄仁杰的侦探小说，使他有了"中国的福尔摩斯"之称。

其实狄仁杰不但是杰出的侦探、正直的法官，也是优秀的政治家。为官，狄仁杰爱民如子，不惧权要；为臣，狄仁杰忠贞不渝，老成谋国；为人，狄仁杰诚实友善，刚正不阿；处事，狄仁杰机警权变，足智多谋。漫漫两千年，试问中国封建史上有几人能超过狄仁杰？

高山仰止。虽然我们超过不了狄仁杰，但也要不断学习他的不畏权贵、忠贞不渝、诚实友善精神以及他的足智多谋。

第36节

值得咀嚼的故事

——成功显得如此耀眼

在100多年前，比利时有个小木匠，名字叫阿道夫·萨克斯。他能活下来简直是个奇迹。小时候，他吞过缝衣针，误食过硫酸，被砖块砸破过头，不幸从楼上跌落过，还曾摔倒在点燃的炉火上。但这些都没能阻止他在21岁时发明一件奇特的乐器。这乐器有与单簧管类似的哨头，还有抛物线形圆锥管体，而金属圆筒竟带风琴那样的按键。

一开始，阿道夫想把这件新乐器介绍给世界音乐权威集中的地方——巴黎音乐界，但阿道夫煞费苦心，也没有一个法国乐器商把这个比利时来的无名小辈放在眼里。法国音乐界的名流们更喜欢用自己熟悉的乐器。一晃九年过去了，阿道夫的愿望始终没能实现，他还是一个默默无闻的小木匠。

机会终于来了，一位作曲家为阿道夫争取到了一个在巴黎音乐会上演出的机会，还特意为他谱写了一个曲子。就在去演出的路上，意外又一次降临，阿道夫的乐器从马车上掉下来，摔成两半儿。我们可以想象当时的阿道夫心情会如何懊恼。不过阿道夫没有打道回府，而是抱着破损的乐器登上了舞台，吹奏时他的双手一刻也不能离开乐器，否则铜管就会掉下来。正因为此，阿道夫没法儿翻乐谱，只能凭记忆演奏。有几次，他由于紧张忘记了谱子，就干脆持续吹一个长音，直到想起谱来再继续演奏。法国观众从来没听过这样柔和优美、荡气回肠的乐音，顿时喜欢上了这种乐器。演出结束后，阿道夫一连谢了五次幕，台下仍然掌声不绝。

这种能奏出特殊效果的乐器一下子成了巴黎音乐界的宠儿。一支乐队用这种乐器参加音乐大赛，轻而易举地夺取桂冠。法国政府也将这种乐器列为军乐队必备乐器。这种乐器是什么？它就是世人皆知的萨克斯管，它是用发明者的名字来命名的。萨克斯管魅力无穷，有着与任何乐器相匹敌的巨大力量。美国前总统克林顿就曾担任阿肯色州管乐队首席萨克斯管演奏员，前几年还被媒体称为“不老的萨克斯手”。

如果把阿道夫的成功比喻成一件果实，那么此前的磨难和变故就是陪衬这果实的小花絮、小绿叶、小枝枝弯弯了。或许正因为有了这些磨难和变故，成功才显得如此耀眼夺目。

阿道夫发明萨克斯管是个比较经典的成功故事。这个故事值得读者回味咀嚼。那一串串磨难、变故就是成功路上的一道道坎，阿道夫一往无前地奋力拼搏，越过了重重障碍，终于摘取了胜利的果实。其实不只阿道夫前进时遇到坎，几乎每个人都会遇到各种各样的坎。只不过与阿道夫等胜利者不同的是，有的人在第一道坎前停住了，有的人在第二道坎前停住了，有的人在第三道坎前停住了……这些半途而废的人留下了许多让人惋惜的遗憾。

第 37 节

两位富翁

——设身处地为他人着想

渥道夫受雇于一家超级市场，担任收款员。有一天，他与一位中年妇女发生了争执。

“小伙子，我已将 50 美金交给您了。”中年妇女说。“尊敬的女士，”渥道夫说，“我并没收到您给我的 50 美金呀！”

中年妇女有点生气了。渥道夫及时地说：“我们超市有自动监视设备，我们一起去看一看现场录像吧？这样，谁是谁非就很清楚了。”

中年妇女跟着他去了。录像表明：当中年妇女把 50 美金放到一张桌子上时，前面的一位顾客顺手牵羊给拿走了。而这一情况，中年妇女、渥道夫，还有超市保安人员都没注意到。

渥道夫说：“我们很同情你的遭遇。按照法律规定，钱交到收款员手上时，我们才承担责任。现在，请你付款吧。”

中年妇女的说话声音有点颤抖：“你们的管理存有欠缺，让我受到了屈辱，我不会再到你们这个让我倒霉的超市来购买商品了。”说完，她气冲冲地走了。

超市总经理吉拉德在当天就获悉了这一事件，他当即作出了辞退渥道夫的决定。一些部门经理，还有超市员工都找到吉拉德来为渥道夫说情和鸣不平，但吉拉德的意志很坚决。

渥道夫很委屈。吉拉德找他谈话：“我知道你心里很不好受。因为我要辞退你，一些人还说我不近人情。”吉拉德走过去，和渥道夫坐在一起。他说：“我想请你回答几个问题。那位妇女做出此举是故意的吗？她是不是个无赖？”

渥道夫说：“不是。”

吉拉德说：“她被我们超市人员当作一个无赖请到保安监视室里看录像，是不是让她的自尊心受到了伤害？还有，她内心不快，会不会向她的家人、亲朋诉说？她的亲人、好友听到她的诉说后，会不会对我们超市也产生反感心理？”

面对一系列提问，渥道夫都一一说“是”。

吉拉德说：“那位中年妇女会不会再来我们超市购买商品？像我们这样的超市在我们这座城市有很多，凡是知道那位中年妇女遭遇的人会不会来我们超市购买商品？”

渥道夫说：“不会。”

“问题就在这里，”吉拉德递给渥道夫一个计算器，然后说，“据专家测算，每位顾客的身后大约有 250 名亲朋好友，而这些人又有同样多的各种关系。商家得罪一名顾客，将会失去几十名、数百名甚至更多的潜在顾客，而善待每一位顾客，则会产生同样大的正效应。假设一个人每周到商店里购买 20 美元的商品，那么，气走一个顾客，这个商店在一年之中会有多少损失呢？”

几分钟后，渥道夫就计算出了答案，他说：“这个商店会失去几万甚至上百万美元的生意。”

吉拉德说：“这可不是个小数字。虽然只是理论测算，与实际运作有点出入，但任何一个高明的商家都不能不考虑这一问题。那位中年妇女被我们气走了，至今我们还不知道她姓甚名谁、家住哪里，因此无法向她赔礼道歉，挽回这一损失。为了教育超市营业人员善待每一位顾客，所以作出了辞退你的决定。请你不要以为我的这一决定是在上纲上线、乱扯罪名。”

渥道夫说：“我不会这么认为，您的这一决定是对的。通过与您谈心，使我明白了您为什么要辞退我，我会拥护您的决定。可是我还有一个疑问，就是遇到这样的事件，我应该怎么去处理？”

吉拉德说：“很简单，你只要改变一下说话方式就可。你可以这样说：‘尊敬的女士，我忘了把您交给我的钱放到哪里去了，我们一起去看一下录像好吗？’你把‘过错’揽到你的身上，就不会伤害她的自尊心。在清楚事实真相后，你还应该安慰她、帮助她。要知道，我们是依赖顾客生存的商店，不是明辨是非的法庭呀！怎样与顾客打交道，是我们的重要课题！”

渥道夫说：“与您一席谈，胜读十年书。谢谢您对我的教益。”

吉拉德说：“你是个工作勤恳、悟性很强的员工。若干年后，你会明白我的这一决定不只对超市有好处，而且对你有益处。按照我们超市的规定，辞退一名员工是要多付半年工资作为补偿的。如果半年后，你还没有找到合适的工作，那么你再来我们超市。我们是欢迎你回来的。”

渥道夫，这个20多岁的青年，无限感慨地离开吉拉德和他领导的这家超市。以后，他没有再回到这家超市，他筹集了一些资金，干起了旅馆事业。10年时间过去了，吉拉德、渥道夫都已拥有了上亿美元的个人资产。

一次集会上，渥道夫和吉拉德不期而遇。他紧握着吉拉德的双手说：“感谢您传授给我一个宝贵的经营诀窍，它使得我取得今天的成绩。”

吉拉德说：“你说的让我感到迷惑了。我好像没有向你传授什么诀窍呀。”

渥道夫说：“10年前那次长谈，您已经间接说出了您的经营要诀，就是让每一个顾客满意地离开商家。”

吉拉德说：“你真是一位聪慧的人，要知道这可是我的经营秘诀——秘不可传呀！”

随即，两人哈哈大笑起来。这天，他们谈得很开心。他们都是依靠同一秘诀，干出了如今辉煌的业绩。

让每一个顾客满意地离开商家，做起来确实难，但只有具备这种精神，才能做出辉煌业绩。经营过程中，顾客和店员之间难免会发生误会，因此，妥善处理好这样的误会将会留住和争取到更多顾客。许多时候，商店和店员都会站在自身的角度和立场考虑和解决问题，特别是在双方误会时，商家方面会更加理直气壮。其实如果商家换个角度和方式来解决，融入顾客的消费情境，设身处地地体会他们的想法、感受与需要，误会就会迎刃而解。从顾客角度看问题，让每一个顾客满意地离开商家，这就是经商成功的秘诀。

其实，不只经商，任何学习和工作，只要设身处地为他人着想，让接触的每一个人都满意，就会拥有好人缘，而拥有好人缘就会战无不胜。

第38节

怎样才能昙花永现

——咬得菜根，百事可做

吴清源，一个出生于旧中国的围棋神童，11岁时成为北洋军阀段祺瑞门下棋客；14岁东渡日本，初来乍到即与日本棋院大赛刚出炉的冠军较量，并中盘获胜；19岁与另一名日本新锐棋手共同创立围棋新布局，令天下人大惊，掀起一场围棋革命；在他盛年的13年的时间里，他以95盘擂台赛式的“十番棋”，令当时日本棋坛所有成名人物全部降级，被公认为围棋界第一人，创造了日本围棋界的“吴清源时代”；进入老年，他更是创造性提出“21世纪围棋”，抛弃围棋的功利性而升华其艺术性，揭示围棋的高远境界和沧桑正道。吴清源，还曾得到周总理等领导人的关心和爱护，梅兰芳等名人还去日本拜访过他。

我们在为这些超级荣耀而高兴的同时，还应看到吴清源所经历的苦难：由于日本发动侵华战争，吴清源受到一些日本人的唾骂和迫害。这使得他在很长的一段时间里居无定所，颠沛流离，而且在不知情的情况下被日本棋院除名，全家都被取消日本国籍。由于被取消了国籍，他们全家因此成为流浪于边缘社会的“黑户”，连孩子们上学、工作、结婚都成为问题。在定居国受到不公正对待，这对吴清源来说还不是最为刻骨铭心的打击。最使他伤心的事是20世纪40年代有一次回到上海的时候，他看见酒店外面有人举着横幅，上书“打倒文化汉奸吴清源”。他只能怏怏回到日本，与故土一别就是半个世纪。在同胞与异国人都不认同的情况下，吴清源只好在夹缝中艰难生存。苦难不止这些，小时候的吴清源得过肺结核，后来又复发。1964 年，吴清源还发生车祸，因此退出各项重大比赛。

在吴清源的荣耀与坎坷并存的经历中，还有更加令人惊奇的，那就是他的境界。这位在旁人眼中高不可攀的围棋界圣人，平时沉默少言，清心寡欲，生活俭朴，从不嬉戏，对于金钱也很淡泊。正是这样的人生修炼，才使他一次次度过生命中的重重苦难，保持一种平静。可以想象，支撑吴清源的精神屏障该有多大。他每天都打坐，二哥吴景略问他："打坐有什么好处?"他说："日本的围棋名手在棋力上都和我不相上下。若要战胜他们，只有在紧要关头，头脑非常清醒，没有杂念干扰，才有可能制胜。打坐，便是修炼这种功夫。"其实，不只是棋盘苦战取胜因为此，战胜其他苦难也是因为此。或许正是因为吴清源有着"咬得菜根，百事可做"的精神，才使得他盛名不减，备受尊敬。观之一些名人之所以昙花一现，让世人对他们由"热望"到"失望"再到"淡忘"，可能就是因为没有吴清源的清寂如水、拒绝浮躁的境界。

第39节

朱元璋的天大损失

——99℃与100℃的关系

什么是色盲？色盲就是不能分辨颜色。

世界上第一个发现色盲的人是英国化学家、物理学家约翰·道尔顿。他生于1766年。某一年圣诞节，道尔顿到街上去买了一双长筒袜，作为礼品，送给母亲。母亲收到这份礼品非常高兴，只是感觉颜色实在太鲜艳了，与自己的年龄不相称。道尔顿有些奇怪，他问母亲："难道深蓝的颜色不稳重吗？""什么？"母亲说，"它和樱桃一样红呀！""不对，这是我亲手挑的，是深蓝色。"道尔顿大声说。"是红色的，妈妈的眼光不坏。"母亲重复答道。为了辨出是非，较劲的道尔顿找来弟弟、邻居、朋友看袜子颜色。也就是从那天起，道尔顿知道自己的色觉与别人不同。具有科学天赋的道尔顿没有放过这一偶然的发现，而是做了研究，写出了一篇论文——《论色觉》，这使道尔顿成为第一个发现色盲的人。

在道尔顿发现色盲病近400年前，明朝皇帝朱元璋一时兴起，挥毫画了幅雄鸡报晓图，赐给了在侧的大臣徐达。徐达受宠若惊，对着画面赞道："这雄鸡的大黑冠真威风！"朱元璋闻言一愣，心想：画上明明是红鸡冠，徐达为何说是黑鸡冠？如此当庭信口胡说，岂不是欺君大罪？但朱元璋转而思量，徐达为人忠厚，决不会故意戏弄，便打个哈哈将话题转移。徐达走后，朱元璋越想越觉得蹊跷。无巧不成书，第二天，朱元璋身体患病，美味佳肴放进嘴里不但味道平平，而且还觉得有点苦。

朱元璋猛然醒悟：既然人在病时难辨五味，那么，倘若人患眼疾，也就难辨六色。朱元璋将此发现求证于太医。遗憾的是，太医未加深思，草率作答。

道尔顿、朱元璋，都曾发现了一种特殊眼疾，道尔顿将它命名为色盲，而朱元璋却止于咨询太医。倘若朱元璋将此病命名，留文于世，那么世界上第一个发现色盲的人将是朱元璋，人类发现色盲也将提前近400年，中国科学发展进程也将有朱元璋光辉的一页……朱元璋损失大矣！

功亏一篑的“篑”是什么？有时，就是一言、一行。

水烧到99℃，虽然离沸水只有1℃了，但仍不是沸水。许许多多的人由于欠了再加1℃的火候，所以水就总烧不开，使前面所花费的热量白白地浪费掉了。

朱元璋的天大损失，让我们想到了99℃与100℃的关系。9℃、19℃、29℃乃至99℃的水都是水，如果再加热1℃，变成了100℃，那就成了汽。虽然99℃与100℃只差1℃，但性质是不一样的。如果让水发出饱和蒸汽的力，必先把水烧到100℃的温度。只有蒸汽，才能转动机器，才能推动火车。“温热”的水是不能推动任何东西的。

许多人都是想用“温热的水”，或用“未沸腾的水”，去推动他们生命的火车，可他们到老还诧异着，为什么自己在事业上总是不尽如人意呢？99℃加1℃，你能忽视这后者带来的质的变化吗？

第40节

相比于达·芬奇

——成功的鸟之两翼

“不想当将军的士兵不是好士兵。”在这句名言的激励下，马丁不知深浅地与世界历史名人达·芬奇作比较。为什么要选达·芬奇呢？因为他是学绘画专业的，而且从记事起，老师与家长就把达·芬奇当作典范来教育他们。

查了查手头资料，马丁知道达·芬奇是个非常聪明的人。据说，达·芬奇可以用一只手描绘草图，同时用另一只手进行记录，这可够厉害的，但更厉害的还在后面！史学家研究认为，达·芬奇的思维比他所在时代超前了500年。为什么这样说？因为他的作品《蒙娜丽莎》《最后的晚餐》等，在当时并不被观众接受。过了几百年后，人们才广为称颂。这就是说，他的旷世才华，直到他去世好几百年后才得到世人的完全承认。打个比方说，当其他人还在考虑帆船时，达·芬奇已经想到飞机了。除了绘画领域才能卓越外，达·芬奇还是一名科学家，当别人正忙着镇压巫术时，达·芬奇已经在研究人体的器官了；在50岁时，达·芬奇设计了佛罗伦萨运河网，这一设计一直沿用至今，他同时是水力学和流体力学的奠基人；他发明了测定风速和湿度的仪器；达·芬奇对机械钟的工作原理进行了研究，这种钟和落地大摆钟一样都是由重力驱动的；他发明的“天线螺旋桨”，可以说就是一种直升机……单论创造力，自达·芬奇诞生500多年以来，世界上有几个人能够超过他？

继续查找资料，马丁还知道达·芬奇是个非常有耐心、执着于事业的人。他创作《蒙娜丽莎》用了多长时间？你可能猜不准。要知道，光画蒙娜丽莎的嘴唇，达·芬奇就花上了12年的时间。

不怕货比货，就怕人比人。这一比较，我们真是无地自容。达·芬奇的思维超越时代500年，而我们在每年年终总结时总忘不了一句检讨话——思想还不够解放；另外，我们除了一两项养家糊口的技能外，再也没有其他的本事……如果说达·芬奇是一湖水，那么我们连一杯水都算不上！论聪明，我们是远远不及的。那就再比第二条——耐心。如果让我们画一个人物的嘴唇，用多长时间？说句实话，顶多用上12分钟。12分钟与12年相比，差多少倍？525600倍！真是没法比了！

如果说“聪明”与“耐心”是达·芬奇成功的鸟之两翼、车之两轮，那么平凡的我们则没有这两样基本条件。在有自知之明的情况下，真诚奉劝各位：如果你们想创立不朽伟业，一定要学学达·芬奇，即使不能超过他，但一定要不断接近他。

据说，松下电器创始人松下幸之助，年少时去一家大电器厂求职，请求安排一个工作环境最差、工资最低的差事给他。人事部主管见他个头瘦小又很脏，不便直说，随便找了个推托的理由：“现在不缺人，过一个月再来看看吧。”一个月后，松下真的来了。人事部主管又推托有事，没空见他。过了几天，松下又来了。如此反复多次，人事部负责人说：“你这样脏兮兮的是进不了我们厂的。”于是松下回去借钱买了衣服，穿戴整齐地来了。对方没办法，便告诉松下：“关于电器的知识你知道得太少，不能收。”两个月后，松下又来了。“我已学了不少电器方面的知识，您看哪个方面还有差距，我一项项来改善。”松下说。人事部主管看了他半天才说：“我干这项工作几十年了，头一次见到你这样来找工作的，真佩服你的耐心和韧性。”松下终于打动了人事主管，如愿以偿地进了工厂，并经过不懈努力，成为日本电器的经营之神。

第41节

态度造就传奇

——猎猎招展的旗帜

1938年6月22日，美国拳击手乔·路易斯将在纽约与当时世界重量级拳王、纳粹心中的代表和象征——德国人施梅林激战。那时，希特勒疯狂推行领土扩张政策和迫害犹太人，这些骇人听闻的消息源源不断地传到美国，时任总统罗斯福敏锐地将这场比赛和当时严峻的国际形势联系起来。比赛前，罗斯福在白宫召见了乔·路易斯。在简短的会见中，这位美国总统对乔·路易斯寄予厚望："乔，我们需要你去打败德国人。"乔·路易斯激动了，他感到有一种无形的力量在激励着自己。

比赛当天，乔·路易斯在震耳欲聋的助威呐喊声中，不到一个回合，就将施梅林彻底击倒，整个体育馆沸腾了。这场被誉为世纪之战的比赛，无论对美国人还是对德国人或是对其他人都是难忘的。

乔·路易斯，世界十大拳王之一，称霸世界拳坛12年，时间之长，影响之大，是任何人都望尘莫及的，至今无人打破。拳击史学家说，重量级拳坛第一人要数乔·路易斯。为纪念这位伟大的世界重量级拳王，美国邮电部门还专门发行了一套有关他的纪念邮票，让人们永远记住他为美国和世界拳击运动所做的巨大贡献。乔·路易斯打破种族歧视，改变了黑人在美国的社会地位和形象，起到了无人能替代的作用，被誉为黑人英雄。在这里，特别要点出的是，乔·路易斯的母亲一直不知道这位世界反法西斯者和黑人心中的英雄是自己的"不成器"的儿子，之所以如此，是因为乔·路易斯的母亲望子成龙心切，另外乔·路易斯怕伤了母亲的心。只说这些，读者肯定一头雾水，不明白其中的因果关系。

乔·路易斯，原名叫乔伊·巴罗斯。20世纪初，黑人还很受歧视，乔伊·巴罗斯的母亲希望儿子能通过某种特长改变命运，所以从小就送乔伊·巴罗斯去学小提琴。那时候，对于一个普通家庭来说，每周50美分的学费是个不小的开支，但老师说乔伊·巴罗斯有天赋，母亲觉得为了孩子的将来，省吃俭用也值得。放学后，当别的少年伙伴进行篮球、棒球这些男子汉味十足的体育运动时，乔伊·巴罗斯却去学小提琴！这成了伙伴们嘲弄的对象。他们给乔伊·巴罗斯取外号叫温柔的“娘娘腔”、弹琴的“小姑娘”。一天，乔伊·巴罗斯实在忍无可忍，就用小提琴狠狠砸向取笑他的那帮人。只听“咔嚓”一声，小提琴断成两半儿，这可是母亲节衣缩食为他买的。泪水在乔伊·巴罗斯的眼眶里打转。

周围的人一哄而散，只有一个伙伴没跑，当然也没取笑他，他叫瑟斯顿。别看瑟斯顿一脸凶相，其实是个热心肠。虽然还在上学，但瑟斯顿已经是底特律拳击比赛的冠军了。“你要把身体炼得棒棒的，这样他们就不敢欺负你了。”他对沮丧的乔伊·巴罗斯说。瑟斯顿当时不知道，他的这句不经意的话不但改变了乔伊·巴罗斯的一生，而且影响了一代美国人的观念。虽然日后瑟斯顿在拳坛没有什么成就，但因为这句话，他的名字被载入拳击史册。

当时，瑟斯顿只是想带乔伊·巴罗斯去拳击馆锻炼一下，增强体魄，并没有想到乔伊·巴罗斯会有拳击天赋和坚强决心。瑟斯顿对乔伊·巴罗斯说：“我把旧鞋和拳击手套借给你，不过你得租个衣箱。”租衣箱一周要50美分，乔伊口袋里只有妈妈给他这周学琴的50美分，反正小提琴也已经坏了，乔伊·巴罗斯狠狠心租下衣箱，把等待修理的小提琴放了进去。开始几天，瑟斯顿只教了乔伊·巴罗斯几个简单的动作，让他反复练习。一周快结束时，瑟斯顿让乔伊·巴罗斯到拳击台上来，试着跟他对打。没想到，才三个回合，乔伊·巴罗斯一个简单的直拳就把瑟斯顿击倒了。爬起来后，瑟斯顿的第一句话就是：“伙计，把你的小提琴扔掉！”

乔伊·巴罗斯没有扔掉小提琴，但他发现自己更喜欢拳击，每周50美分的小提琴学费成了拳击学费。不久乔伊·巴罗斯开始参加比赛，渐渐崭露头角。为了不让母亲为他担心，乔伊·巴罗斯瞒着母亲悄悄把名字改成乔·路易斯，这就是他母亲一直不知那位大名鼎鼎的英雄是自己儿子的原因。

无疑，乔·路易斯是一代传奇人物，造就这段传奇的是一种态度，那就是把世俗压力变成内在动力。瑟斯顿也是位传奇人物，成就这段传奇的也是一种态度——友善待人，热心助人，甘心扶人。传奇人物还有乔·路易斯的母亲，背后的强大支撑则是伟大的母爱。

足坛“神奇教练”米卢有句名言：态度决定一切。解读米卢的“神奇”，正是在于他视足球为生命和最爱的态度。

如果将英语的26个字母从A到Z分别编上1到26的分数，那么你的知识（knowledge）能得到11+14+15+23+12+5+4+7+5=96分，你的努力工作（hardwork）能得到8+1+18+4+23+15+18+11=98分，只有你的态度（attitude）才会得到1+20+20+9+20+21+4+5=100分。

能够证明米卢名言、符合字母分数巧合的，还有玫琳凯女士讲过的一个故事。

多年前，全世界知名的“玫琳凯化妆品公司”创办人玫琳凯女士急着购买新车，在福特汽车展示中心，业务员见她开着辆破旧的车子，也就不把接待她当作一回事。于是她就去见业务经理，碰巧经理也不在，要等到下午1点钟才会回来。于是，玫琳凯悻悻地逛到对街的汽车展示中心。该中心正展示着一辆黄色轿车，尽管玫琳凯很喜欢，但车款远远超过她的预算。不过，该中心的业务员谈吐十分殷勤、诚恳。在闲聊中，玫琳凯说，想买车是因为当天是她的生日，买部车送给自己作生日礼物。听到这，业务员礼貌地说有点事儿，请求告退1分钟。很快业务员就回来了。又过了一小会儿，秘书小姐送来了一打玫瑰，那业务员就把整打玫瑰送给了玫琳凯女士，祝贺她生日快乐！

“天啊！”玫琳凯说，当时她真的“太惊喜”“太意外”了！不用说，玫琳凯后来买的是远远超过预算的这种黄色轿车。她为什么会作出这项决定？因为那位聪明的业务员用一种极为普通却又非常特殊的方式，表达了对玫琳凯女士的尊重。用中国的俗话来说，就是“种瓜得瓜，种豆得豆”“你敬我一尺，我敬你一丈”。那位聪明的业务员因为一个敬人的态度而得到了丰厚的回报。因此说，良好的态度，实是做人处世和事业发展的魔力棒。

态度差，知识和工作能力差，是最容易成为拒聘和裁员的“人裁”；态度好，知识和工作能力差，是将就用的“庸才”；态度差，知识和工作能力强，是很难用的“倔才”；态度好，知识和工作能力好，是令人喜欢的能够带来财富的“人才”。为什么态度100分，比知识和努力工作重要，原因就在这。从某种意义上说，态度就是激情，就是活力，就是猎猎招展的奋斗旗帜，就是熊熊燃烧的信念篝火。态度决定一切。

第42节

成功的红灯效应

——练就一双慧眼

何玲所在的城市是一座新兴的中小规模的城市，道路宽、车辆少。当红灯亮起的时候，三条并列的直行车道上就停着那么一两辆车。何玲是个驾龄不长的司机，却是位善于思考的人。为了省油，每当看到远处红灯亮时，她就收起油门，让车辆随着惯性慢慢向前滑行。当前方的红灯一灭、绿灯一亮时，她就急踩油门，让车速迅速提高，从而快速地从一条空闲车道上驶过路口。这时，先前因红灯挡住的那一两辆车才刚刚起步呢！他们原本跑在何玲的前面，这时却远远落在她的后面了。此时的何玲有些沾沾自喜，因为不但省了油，而且变“后进”为“先进”。

何玲把这种现象概括为红灯效应。其实，红灯效应的原创者当为她的邻居慧叔。

慧叔是位菜农，他常说，城市街道有红绿灯，蔬菜市场也有“红绿灯”。当蔬菜市场“红灯”亮起时，对其他菜农来说是“阻止”信号，但对他来说却是一种“机遇”；当市场“绿灯”亮起时，对其他菜农来说是“前行”信号，但对他来说却是“停止”信号。

比如在2008年，香菜大量上市，一斤卖不到一角钱，香菜市场亮起了“红灯”，许多菜农不敢再种香菜了，也就是被这“红灯”挡住了。慧叔一看香菜“红灯”亮起，认定靠香菜赚钱的机遇来了，他一口气买下了大量香菜种子，市场也怪，此时香菜种子既质量优良又价格便宜。看到慧叔买下了这么多香菜种子，一些菜农耻笑慧叔没有眼光。慧叔哈哈一笑，不被耻笑击倒，而是认真地平整了土地。当别人都去种植白菜时，慧叔把自己的菜地全都种上了香菜。

转眼到了2009年，由于菜农大都不种香菜，这时的香菜产量很少，市场供不应求，香菜价格就出奇的高。毋庸置疑，大量种植香菜的慧叔赚了个盆满钵满。这时候，白菜产量超过了市场需求，价格特别低。此时的蔬菜市场向香菜亮起了“绿灯”，向白菜亮起了“红灯”。当菜农纷纷种植香菜时，慧叔却及时刹车，把全部土地都种上了别人不敢再种的白菜。

不用说，2010年，慧叔又靠白菜赚了大钱。

当蔬菜“红灯”亮时起，别人都停止了，而慧叔有着不同一般人的见识，断定机遇来了，及时地抓住机遇，让箭在弦上、引而待发，最后迎接他的必是蔬菜市场的丰厚利润。其他菜农思维简单，错过了机遇，等待他们的只能是落后的嗟叹。

明代蒲州人王海峰，他经商的做法往往与众不同，却总能收到出奇的效果。当时，蒲州商人外出经商，大多是西到秦陇，东到淮浙，西南到蜀。王海峰经商一开始也是去上述地方。但经过一段时间后，他认为这些地方经商盈利不大，后来他就不去沿袭他人的经商路线，而是东走青沧。青指青州，在今山东益都；沧指沧州，即今河北沧州。这两个地方，在明朝时属长芦盐区。当时，长芦盐区官僚显贵、势豪奸绅上下勾结，使盐区的运销不能正常进行，商人纷纷离去。但王海峰认为，这里是春秋时齐国管仲收鱼盐之利的地方，陶朱公也是据此地而累致千金。长芦盐区的现状是管理不善造成的，商人们离去是不正常的现象，不应以正目视之。经商就要“人弃我取，人去我就”。王海峰经过全面认真的思考，认为此地正是可以大有作为的地方。他胸有成竹地来到长芦盐区的沧州后，先熟悉该盐区的盐政，了解该盐区的运销历史，从中总结经验教训，然后向当地政府提出整顿盐制、严禁走私的建议。后来，长芦盐区经过整顿，盐业运销再度繁荣起来，各地盐商又蜂拥而至，盐区盐税收入比过去增长三倍多。而这时的王海峰已成为该盐区的著名富商。

机遇，是个怪东西。它经常出现在我们的身边，但有的人看不到，只有智者能发现它、利用它，走向成功。机遇，得之则昌，失之则衰。机遇是留给有头脑、有准备的人的。

慧叔、王海峰的成功，源自他们有一双慧眼。

世界上有没有慧眼呢？有，而且大有人在。爱迪生的慧眼，让这个世界上有了白炽灯；富兰克林的慧眼，揭示了雷电的秘密；莱特兄弟的慧眼，让这个世界上有了飞机；达尔文用他的慧眼，发现了进化论。在每一个成功者的身上，都一定会有一双慧眼。

纷繁复杂的社会像是大海，浩瀚无边；像是金矿，有许多沙子；像是迷宫，如果没有一双慧眼你会迷失方向。面对社会，每个人都要有一双慧眼。倘若不了解社会，盲目行事，经常摔跤是不可避免的。吃一堑长一智，从教训中总结经验，人就会变得聪明起来。不经过实践的锻炼，幻想自己一出生就有一双慧眼，那是大错特错的。社会是个万花筒，很多东西我们还不了解，要学习的东西很多，活到老学到老，实践出真知。上天给了每个人一双眼睛，需要用勤奋去擦亮每个人的双眼。这样才能去探索未知的世界，揭开宇宙的奥妙。

如何拥有一双慧眼呢？首先要练就一双鹰眼，迅捷而准确。苍鹰翱翔在高空，如果发现了地上的猎物，会像箭一般冲向猎物，将猎物俘获。我们也应该像苍鹰一样站得高、看得准、反应快，要抓住要害和关键，迅捷而准确。我们还要练就孙悟空的一双火眼，什么妖魔鬼怪的乔装改扮也能分清，不被一些虚假的东西所蒙蔽。社会上充塞着大量虚假欺骗人的信息，如果不注意分辨，什么也相信，那会上当的，甚至会误入歧途而不堪回首。最后，我们还要练就一双老马识途的眼，就是迷失了方向，也能找到回家的路。

社会上有无穷无尽的信息，要善于比较、善于鉴别，要拥有一双慧眼，像淘金一样从大量的矿砂中找到一两粒金子，正如歌中唱的那样：“借我一双慧眼吧，让我把这纷扰看得清清楚楚、明明白白、真真切切。”

第43节

临终反思提前50年

——平庸一生九因素

在法国里昂，一位70岁的布店老板快要不行了。临终前，牧师来到他身边。布店老板告诉牧师，他年轻时很喜欢音乐，曾经和著名的音乐家卡拉扬一起学吹小号。他当时的成绩远在卡拉扬之上，老师也非常看好他的前程。可惜20岁时他迷上了赛马，结果把音乐荒废了，否则他一定是一位出色的音乐家。现在生命快要结束了，反思一生碌碌无为，他感到非常遗憾。他告诉牧师，到另一个世界后，如果再选择，他绝不会再干这种傻事。牧师很体谅他的心情，尽心地安抚他，并告诉他，这次忏悔对牧师本人也很有启发。

这位牧师是谁？他是法国最著名的牧师纳德·兰塞姆。无论在穷人心目中还是在富人区域里，他都享有很高的威望。在他90高龄的一生中，他有1万多次亲到临终者面前，聆听他们的忏悔。那位布店老板以及其他类似的例子对纳德·兰塞姆感触很大。在他的人生后期，纳德·兰塞姆想把他的60多本内容全是这些人的临终忏悔的日记编成书，但因法国里昂大地震而毁于一旦。纳德·兰塞姆去世后，安葬在圣保罗大教堂，墓碑上工工整整地刻着他的手迹：假如时光可以倒流，世界上将有一半的人可以成为伟人。

纳德·兰塞姆没有将另一层意思明确说出来。如果人们将临终反思提前50年、40年、30年，那么世界上会有一半的人可以成为伟人。每个人最后的反思，不到那最后一刻，谁也不知道。但是每个人可以借鉴布店老板等等众多的例子，把他们的反思当作自己的反思，并且予以提前几十年。如此做，便使自己具有了深邃的眼光和超前的意识，而做到了这，便有50%的可能让自己成为一名了不起的人。

俗话说：聪明的人多，成大事者寡。当许多人精心设计自己的人生，而苦于难以成功时，是否会想一想自己哪些地方还做得不够？有这样一种说法：具备才智和潜力的人是很多的，倘若每个人都能得到合适的充分的发展，也许在这世间，科学家、企业家、文学家等杰出人才会多得多。但为什么这些人不能够使自己得以充分发展，而过着平庸的生活呢？

一是经不住“淬火”。参加过马拉松比赛的人都知道，跑到30公里处时，实力、耐力不足的运动员很难支撑下来，而实力强、耐力好的运动员则能够逾越这个关口，奔向成功的终点。许多想干一番事业的人往往在这样的关口处停住了。刀刃若想锋利，则要经过“淬火”。人的潜力要想释放，则要经受住心理上的苦楚难耐。一位颇有名气的书法家说过，他在开始练字的时候，怎么写都不像，而且越写越难看，为此几度想停止练字。后来在严师的教导下，苦练了3个月，不但字写得越来越标准了，而且心理上也由厌恶到对书法产生了浓厚的兴趣。“只要功夫深，铁杵磨成针。”前程的锦绣，如沙里淘金，只有恒心才能创造辉煌。一心以为鸿鹄将至，板凳坐不热即感腰酸背痛生怕长了坐疮的人，好事岂会来临？坐不住冷板凳的人不缺铁杵磨成针的愿望，缺的只是毅力，所以世上就有浅尝辄止、半途而废、功亏一篑等等成语，所以铁杵还是铁杵，只有拿到孙大圣手里才叫“针”。

二是只差一步。拿破仑说过，胜利和失败只差一步。运用到事业中去，可以说，往往一步之别，就会造成截然不同的两种局面。许多人经常说这样一句话：“悔当初没有……”他在说这话的时候，也就意识到了自己因为一步之差，而没有获得成功。不过，经常说这类的话并不好，因为他没有总结一步之差的教训，而屡蹈覆辙。

三是相信“宿命论”。古时候，生活环境十分恶劣，古人生命中的变数多得无法掌握，他们的人身财产安全很难保障，就像古语中说的“天有不测风云，人有旦夕祸福”。所以古人普遍相信宿命论。随着社会的进步，现代人意识到了宿命论经不起推敲，看到了它的消极作用，但还是有不少人无形中将自己的命运与那生辰八字、星相风水联系在一起，因为算命先生的一句话而或喜或忧，因而降低了个人的进取心。照实说，人的命运掌握在自己的手里，细看社会上形形色色的人，他们就提供了很好的证明：一些人注重学习，坚韧不拔，他们往往在事业上有所成就；一些人热情诚恳，乐于助人，心地善良，他们一定人缘好，吃得开；一些人讲究养生之道，通达乐观，早睡早起，这些人一般是健康长寿的……因此说，人的命运是与自己的个性联系在一起的，如果具备了良好的个性特征，不用请教算命先生，就会知道自己在人生征途上一定会心想事成。所以，做事要靠自己。

四是不依规矩。古人说，不依规矩，不成方圆。做人既要敢想敢干，又不能违背社会公德；既要勇于革旧创新，又不能脱离社会实践。那么，“规矩”指的是什么？譬如，对求学来说，刻苦用功、好学善问是个规矩；对做官来说，为民造福、廉洁奉公是个规矩；地做人来说，团结友爱、以诚待人是个规矩……若不按规行驶，不及时纠正，则没有不翻车的。

五是“含金量”低。行行出状元，状元无疑是行业中含金量高的人才。许多人埋怨自己才能得不到发挥，个人得不到重视。在埋怨的同时，是否应冷静下来思考一番，看一看自己有没有这样的情况：徒具光彩的外表，而没有供人挖取的无穷宝藏？唯有胸怀壮志，好学不倦，虚怀若谷的人，其发展才无可限量。

六是逆风行使。人生像在海洋中航行，人际关系也如海洋上空的风，顺风可助你劈波斩浪，逆风则使你颠簸不已。三国时期，张飞闻听关羽被害，旦夕号泣，血湿衣襟。他不听刘备劝阻，动辄鞭打士卒，终被部将所害，留下千古遗憾。现今，物质文明和精神文明高度发展，每个人有所作为的天地更为广阔，有一个好的人际关系成为现代人取得成功的重要因素。如果人际关系处理不好，整天吵吵闹闹，谣言四起，要想干好工作是很难的。冰心老人说过一句话：这世界并不复杂，只要心简单就行。是啊，只要心地简单了，这世界就变得简单了。别人说了一句过激的话，一笑置之；别人对你横挑鼻子竖挑眼，你也能安然处之。而如果心复杂了，郁郁寡欢，怨天尤人，不仅损伤了身体，而且失去了安心学习工作的大好机会，实是不可取。

七是受阻于“无形之墙”。有这样一个实验：在鱼缸中间放一块玻璃，一边放一条大鱼，一边放一些小鱼。开始，大鱼想吃掉小鱼，却被玻璃挡住了，试了几次后，就不再存有“吃小鱼”的想法了。后来，实验者将中间的玻璃撤掉，这时小鱼自由自在地游到大鱼嘴边，而大鱼却没有一点反应。实验者认为，大鱼是被一种定势挡住了本能的欲望。人类当然不能同动物相比，但人也有弱点，有些人在某些时候，也会犯同样的错误。表现为：在机会到来的时候，患得患失，犹豫不决，甚至还发现不了有利时机。历史证明，千古传颂的英雄，都是善于洞察客观形势，及时采取相应行动，也就是见机而动的杰出人物。

八是不去尝试。人生必须尝试。只有试水的鱼儿才知道哪儿清、哪儿浊，哪儿的水域适合自己。许多人是思想上的巨人，却是行动上的落后者。再好的想法如果不去尝试，也毫无价值。

九是不能胜寸心。清朝龚自珍作了一句诗：不能胜寸心，安能胜苍穹。意思是说，如果连自己的心思都控制不住，怎么能战胜外界事物呢？凡想要做一番事业的人，首先需要磨炼自己的意志，增强自己的毅力，克服内心的杂念，才可能在改造外界事物的过程中百折不挠，最终实现自己的目标。历史上许多悲剧就是由于不能控制自己的内心而酿成的。坏人用金钱买动，小人用吹捧拉拢，均是抓住了某些人昏昏庸庸、不能控制自己的弱点。

上述种种因素很值得作为一面镜子来用。照照这镜子，可审视出我们每个人的人生坐标定位是上进的，还是停滞不前的。

第44节

有意栽花与无心插柳

——谋事在人，成事在天

有一位穷牧师，有三个女儿，一个儿子，妻子在孩子们还很年幼时患肺癌去世，这使全家陷入了不幸。好在牧师学识渊博，他亲自教孩子们读书，指导孩子们看书读报，这些都给了孩子们很大的影响，这也算是不幸中的万幸。

儿子从小聪明伶俐，特别在绘画和文学创作方面格外超群，被公认为是天才。他们家并不富裕，为了培养儿子早日成功，全家人，特别是他的三位姐妹，节衣缩食，省下钱来送他到伦敦皇家美术学院去学习。可是，不久他便灰心丧气地回了家，学业无成。他觉得学绘画太难了，不如搞文学创作有意思。穷牧师和三个女儿便又努力挣钱，全力支持他进行文学创作。三个姐妹为兄弟的成才，倾注了无尽的爱心，然而，牧师的儿子却感到写作太苦了，许多年过去了，他连一篇像样的作品都没能写出，反而染上了酗酒、吸毒的不良嗜好。在31岁时，庸碌一生、一事无成的儿子患肺病死去。

为了生活，三个女儿先后离家出外当家庭教师。在艰苦、闭塞的生活中，三个女儿经常利用晚上的一点余暇积极地写作，作为对一天枯燥乏味的辛劳工作的一种解脱。尤其是二女儿，她除了工作之外，还要承担全家繁重的家务劳动。她在厨房里干活时，经常用随身带着的纸和笔写作。写了一段时间后，三姐妹把自己创作的几首诗寄给当时一位著名诗人，不料这位著名诗人竟认为她们没有创作才能。后来，三个姐妹打算合力办一所学校，可是印了招生广告，却没有人来报名。三姐妹还曾动用去世的姨妈留给她们的遗产，合出一本诗集，但是尽管诗写得很美，却未能引起人们的注意，仅仅卖掉了两本。

虽然屡受挫折，三姐妹却百折不挠。最终，三女儿写成了《艾格妮斯·格雷》，二女儿写成了《呼啸山庄》，大女儿写成了《简·爱》。说到这，人们就知道了这三姐妹的名字，从大到小分别是：夏洛蒂·勃朗特、艾米丽·勃朗特和安妮·勃朗特。她们被后人冠以“19 世纪英国著名女作家”和“世界文学史上的伟大作家”等等头衔。艾米莉还得到了“英国文学史上最杰出的女诗人”的赞誉。对这，那位著名诗人可能做梦也想不到。特别提出的是，《呼啸山庄》《艾格妮斯·格雷》在两位作者 30 岁左右相继去世时却不为当时读者所理解，大女儿也不幸在 39 岁时去世。

对三姐妹而言，成功姗姗来迟，但岁月却充盈了苦难。支持兄弟成才，兄弟却不争气；自己办学、求教、出诗集，也处处碰壁。在短暂的一生中，她们饱受了有意栽花花不开的无奈。可是，她们无心插柳却柳成荫。随着时间的推移，三部作品震撼了越来越多的人的心灵。勃朗特三姊妹，在英国 19 世纪文坛上焕发异彩。特别是《简·爱》和《呼啸山庄》，犹如一对光彩夺目的宝石。世人在浏览 19 世纪英国文学遗产时，不禁惋惜这三位才华横溢的姑娘，如果不是过早地去世，她们或许会留下更多璀璨的篇章来养育读者的心灵！

从有意栽花花不开、无心插柳柳成荫的辩证关系中，我们看到了成功的不易，明白了磨难、执着的价值，也懂得了溺爱的坏处。

“有心栽花”是刻意造作的过程，“无心插柳”乃自然随缘的结果。出人意料的是，有心栽的花总是不开，无心插的柳却绿荫庇人。

准备得很充分，很用心地去做一件事情，结果却很可能不成功。诸葛亮在上方谷用兵，将司马父子三人困在熊熊烈火当中，谁知一场天雨立刻浇灭了地火。面对司马父子的逃遁，诸葛亮也只能自嘲“谋事在人，成事在天，不可强也”。

相反，有时不经意间或者并不是刻意强求的某件事情，却反而达到了自己意想不到的效果，这就揭示了人生无常的道理。

第45节

学会留心

——无数人看到却没发现

奶牛，多么普通的牲畜。从南到北，从东到西，从古至今，地球上无数的人经常看到它，但却没有发现在它身上存在着一个简单的不能再简单的规律：总是自觉不自觉地头朝北、尾朝南。

著名网络搜索引擎谷歌有一项功能，就是能够查询地球任意角落的卫星图像。借助这项功能，科学家们分析了处于全球308处地方的8510头奶牛的生活规律，发现它们都有第六感，能知地球南北方位，而且不论什么风向和时辰，总是面朝北站立。这一发现确实让科学家们惊讶不已。虽然奶牛以提前几小时预知下雨的能力而闻名，但它们的导航本领却被人们早早地遗忘和忽视了。

这一关于奶牛地球磁场感应能力的重要发现发表在2008年8月26日出版的《美国国家科学院学报》上。要知道，几千年来，数以千亿计的人们经常见到奶牛但却没有发现这个简单的规律，至少没有流传和记载下来。

知道了这一发现，对于我们来说，意义并不小。

如果今后在野外迷失了方向，没带指南针不要紧，只要身边有奶牛，那就不用惊慌。只要看一看奶牛的头朝向哪一边，就知道那边就是北边。

如果你有一家圈养奶牛场，当初建设它的时候没有尊重奶牛的头朝北规律，那么一定要及早地纠正。其中道理很简单，奶牛头不朝北，就会无形中不自在、烦躁，而烦躁自然会影响牛奶的产量和质量的。

生活处处有物理，留心观察皆学问。以上事例让我们想到“留心”这个话题。

某天傍晚，一个苹果从树上掉了下来，正好砸在牛顿的头上。留心此事的牛顿忽然想到：为什么苹果只向地面落，而不向天上飞呢？由此，牛顿发现了万有引力。

烧水时，蒸汽可以顶开壶盖。留心此事的瓦特总结规律后，改进了蒸汽机。

世上无难事，只怕留心人；欲要看究竟，处处细留心；处处留心皆文章，事事动脑即智慧……历史长河，人们关于“留心”的谚语是很多的。

留心“留心”，就是要我们做到用心去观察，用眼去发现，用手去创造，用口去述说，而不能让“视而不见”“熟视无睹”遮蔽了我们探求知识的眼睛。一叶飘零而知秋，一枝勃发而见春，细节中往往折射出大千世界。每一株花草，每一片白云，都会传授我们自然的奥秘；每一头动物，每一丝空气，都会教导我们生存的意义。我们身边的知识很多，只要我们去留心它。而只要我们用心观察，用心寻找，我们就会有重要的发现。

学会了留心，我们就能在一枝一叶的世界中发掘人生的财富，就能从生活的细微之处发现人生无穷的快乐。

第46节

水晶头骨

——安娜的优良品质

玛雅文化是地球之谜，而它留下来的最神奇的东西——水晶头骨，如今在加拿大安娜·米歇尔黑吉斯女士的家里。看到这，聪明的人士定会想到，这其中说不定有一个曲折引人的故事。

20世纪初，一个叫弗烈德里克·米歇尔黑吉斯的英国人收养了一个孤儿，给她起名叫安娜·米歇尔黑吉斯。弗烈德里克是个冒险家，一心想在大英帝国的史册上流芳百世。他的座右铭是：没有冒险的生活就不是真正的生活。在这句座右铭的激励下，他经常组织探险队到没有人烟的地方探险。

1924年，弗烈德里克的探险队到了中美洲的伯利兹，停靠在潘特哥达的一个小港口，据说失落了的城堡就埋藏在那儿的丛林里。在当地玛雅人的帮助下，探险队急切地开始了清理工作。他们用了整整一年的时间才把灌木清理掉，锯倒后堆在他们面前的树木足足有一座山那么高。对于那些清理不掉的枝枝蔓蔓他们就放火烧。熊熊大火燃烧了好几天，曾经辉煌一时的古城废墟也就一点点地从烟灰中露了出来。

看到废墟的宏大场面，探险队员们都惊呆了：这个城堡占地有15.54平方公里，包括金字塔、宫殿、城墙、梯田、墓冢以及带有阶梯座位的观看场。光观看场就分上下两层，能容纳上万观众。

弗烈德里克等人开始揭示古城秘密。挖掘期间，安娜加入进来。她投入角色很快并且习惯于丛林生活。安娜对探险有着和她父亲一样的叛逆精神，并且天性固执。就是这一性格让她有了后来的发现。

那天非常热，平时都很忙碌的考古工地异常安静，大家都去睡觉了。安娜一个人呆在帐篷里百无聊赖，突然间有了一个想法，就是爬上最高的那座金字塔上去看看到底能看多远。当然了，探险队员们是绝对不允许她那样做的，因为建筑物上的石头已经松动了，非常危险。趁着探险队员睡得正香，安娜开始去爬那座高高的金字塔。那时，猴子们正在树林里玩耍，昆虫则烦躁地各自鸣叫。她小心翼翼地踩着松动的石头往上爬，一步、两步、三步……终于爬到了最高处。哈！真是不虚此行。站在上面，方圆几公里远的景色尽收眼底，美丽极了。这时，安娜忽然发现来时的台阶的一个石缝里有个闪闪发亮的东西。安娜兴奋极了，以至于都忘了是怎么下去的。安娜高高兴兴地把所见告诉了父亲，弗烈德里克狠狠地责备了她一顿。

起初，弗烈德里克并没有相信安娜的话，但当他看到安娜坚定的眼光，弗烈德里克意识到他们即将发现一件稀罕物。第二天一大早，他把大家召集在一起，开始搬金字塔顶上的石头了，只有这样才能拿到那个宝物。他们搬了好几周才在金字塔上面掏出一个稍大的窟窿。

那天正好是安娜的 17 岁生日，她主动要求下去探明虚实。她的父亲和另外几个人把她从窟窿口慢慢地放到了那块石头裂缝处。安娜身上系了两根绳子，头上绑了一盏灯，慢慢下去。行至黑暗处，安娜非常紧张，因为那里会有蛇蝎。看到闪闪发光的东西后，安娜立即把它包裹好，急急地从窟窿里钻出来。

安娜掸去宝物上面的灰尘，惊奇地端详着它：这是一块和真人头骨一般大小的头骨，唯一与真人头骨不同的是它几乎是完全透明的。一看就知道是从整块水晶石上镂刻下来的。安娜把它拿到阳光下，经它反射的光变得明亮异常，这只有纯度极高的水晶才能达到如此效果。被阳光照射的水晶头骨发射出一道道炫目的光束，几个探险队员顿时像被施了催眠术一般目瞪口呆。在场的每个人都狂喜不已，来帮忙的玛雅人看了以后又哭又笑。那时候，每个人都好像着了魔一般，仿佛有一种古老而强大的力量在不停发作。

这个喜讯瞬时传遍了整个玛雅大地，很多很多的人赶来。庆祝活动持续了好几天。一位玛雅祭司说它有10万年之久的历史。很久很久以前，有个伟大的祭司十分受人爱戴。人们为了永久地留住他的正直和智慧，从而制作了这个头骨。

弗烈德里克被当地人对水晶头骨的敬仰之情深深地打动了。弗烈德里克认为不能把它带走。因此，他毅然决然地把这件人类神奇瑰宝送给了玛雅人。玛雅人高兴极了。这个头骨在玛雅人手中保存了三年，这三年中的每一天，头骨的周围都燃放着篝火。到了1927年，挖掘工作接近尾声。探险队要离开玛雅地区了，安娜非常伤心。几年来，她一直和玛雅人住在一起，和他们同快乐共悲伤，他们对待安娜就像自己的亲生女儿一样细致周到。她可真舍不得离开他们。当弗烈德里克、安娜和玛雅朋友告别的时候，玛雅部落酋长走了过来，塞给弗烈德里克一包东西。弗烈德里克当场打开了包裹，安娜惊喜地发现里面包着的竟是水晶头骨！

玛雅人把水晶头骨当作礼物送给了弗烈德里克，以此表达他们对他的感激之情，因为他为玛雅人做了很多好事。除了挖掘水晶头骨并慷慨送给他们外，还给他们医药、金钱、工具。弗烈德里克把水晶头骨带回英国，纯粹是命运的安排。

1959年，在弗烈德里克去世前，他就把水晶头骨交给了为它呕心沥血的女儿安娜。后来，安娜到加拿大定居。安娜继续像她父亲那样热情欢迎参观者来她家里感受水晶头骨的神奇魔力。

读了这段故事，我们相信是优良品质让弗烈德里克和安娜拥有水晶头骨。首先，这优良品质里包含冒险性格。冒险，才能博得精彩；冒险，才能成就神话。狭路相逢勇者胜，这个世界是属于具有冒险精神的勇敢者。其次，包含执着品质。执着，是生命中最美的东西。艰苦的努力，必会得来丰厚的回报。古城堡存在成千上万年，而去有效发掘者，只有弗烈德里克和安娜等人。最后，也是最重要的，就是包含善良品性。为他人着想，他人定会为你着想。弗烈德里克和安娜与玛雅人的友好交往，决定了水晶头骨的一世拥有。从某个角度来说，友善就是“希望工程”，友善就是“牛市投资”。

第47节

坚持无谓努力

——即使一生没有奇遇

一时找不到合适工作的人、未能实现远大理想的人、对现实感到不如意的人经常这样说："我真不知道怎么办才好！"当这些人为此而感到苦恼的时候，就应该听从一位哲人的话：当你不知道做什么才好时，就去做一些对他人有益的事，哪怕是一点小事、无所谓的事。

坚持无谓努力，往往会有意外惊喜。

法国一位叫恰科的青年，连续51次谋职，但遭遇了51次失败。当他第52次到一家叫bellju的银行找工作时，还是被董事长无情地拒绝了。失魂落魄的他走出银行时，看见门前地面上有一根大头针。他弯腰把大头针拾了起来，避免它伤人。第二天，bellju银行聘用恰科的通知书来了。原来，就在他蹲下来拾大头针的时候，被银行董事长看见了。董事长认为如此精细的人，很适合当银行职员，所以改变主意，聘用了他。恰科是一个对一根针也不会粗心大意的人，因此他在法国银行界平步青云，功成名就，被誉为法国银行大王。

美国标准石油公司里，有一位小职员名叫阿卜特。他有个习惯，就是写信时、签收据时、住旅馆登记时，总要在自己签名的下方标上"标准石油每桶4美元"字样。只要他签名，就一定写上那几个字。因此，他被同事叫做"每桶4美元"。久而久之，他的真名倒没有人叫了。如此无谓的努力，他一直坚持下去。有一天，公司董事长洛克菲勒知道了这件事，他大感惊奇地说：“想不到，竟有职员这样努力宣扬公司声誉，我要见见他。”于是，阿卜特有幸同美国石油大王共进晚餐。后来，洛克菲勒卸任，阿卜特成了第二任董事长。

拾起一根针，顺手写下几个字，是一件人人都可以做到的事，可偌大人群中，只有恰科和阿卜特愉快地去做。那些鄙视这种“无谓”努力的人中，肯定有不少才华、能力在他俩之上的，可他们却没有如此事业辉煌。

坚持无谓努力吧，即使一生没有奇遇，也要坚持下去。不要目光短浅，一事一议，追问“这样无谓地去做究竟有什么好处”。因为“闲着”也就“闲着”，为什么不去养成做好事的习惯呢！如果一个人在单位里，看到门前有张废纸就主动捡起来，看到他人自行车倒了就主动把自行车扶正，那么这个人肯定是人缘相当好的人、受人尊敬的人。而人缘好的人、受人尊敬的人又怎么会吃亏呢！吝于出力是小器。每个人尤其是青年一定要坚持做一些不起眼的好事也就是无谓的努力，而不要过多地计较个人得失。

第48节

人生是本一《史记》

——只有一次阅读机会

19世纪的某个正月十五早晨，晚清重臣曾国藩在部下李鸿章的陪同下，秘密视察李鸿章刚从安徽招募来的淮军。

在淮军形形色色的将官中，有放声高歌的，有喝酒划拳的，有默默无语的，有继续睡觉的。只有一人袒胸露乳，左手拿书，右手拿酒，每朗诵一篇就饮酒一杯，然后绕着座位长啸一声。接下来，这个人继续读书，一副旁若无人之状。

曾国藩、李鸿章都眼尖，远远看见那个袒胸露乳的人看的是司马迁写的《史记》。

李鸿章在曾国藩面前常以学生自称，他怕老师责怪，便自我解嘲道："学生无能，招募的这些人三教九流，纪律涣散，请老师您别见怪！"

曾国藩微微一笑，对李鸿章说道："这些人都可立大功，成大事，但将来成就最大的就是那个袒胸露乳拿酒看《史记》的人。"

李鸿章谦恭地问道："这个袒胸露乳的人名叫刘铭传，老师为啥断定他能成大器？难道因为他读的是《史记》？"

曾国藩说道："人生是一本《史记》，愚者泛泛翻看，智者认真阅读。因为智者知道，他只有一次阅读机会。"

李鸿章不断点头称妙，但他还没有完全明白曾国藩说的这番话。他心中想：《史记》可以随时阅读，为啥说只有一次阅读机会？

这天中午，曾国藩与李鸿章一起招待淮军的主要将官，刘铭传也在其列。午餐很简单，就是每人一碗汤圆，碗中共九个。很快，大家就吃完了。

停顿了片刻，曾国藩问在座的人：“各位，你们说一说刚才吃了几个汤圆？”在座的众将官都哑口无言，只有刘铭传站起来答道：“禀大帅，共九个。”曾国藩点了点头，心中更是赞赏。

众人离开后，曾国藩对李鸿章说：“刘铭传心细，堪当大任。”

李鸿章又是点头，恭敬地说道：“学生现在明白老师早晨说的话了，如果人生是一本《史记》，确实只有一次阅读机会。刚才在座的众将官都后悔没有认真阅读，只有刘铭传一个人认真阅读过了。”

曾国藩慧眼识英雄，这刘铭传果然智勇双全、不负众望，其所辖的部队是李鸿章淮军中最精锐能战的。中法战争爆发后，刘铭传受命担任台湾首任巡抚，前去镇守台湾。面对当时名列世界海军第二强的法国侵略者，刘铭传有勇有谋、善断善战，屡屡将法国人打败，使其无法占领台湾、向中国施压。刘铭传治理台湾时，为台湾修建了第一条铁路，安装了第一部电话……他被后人尊称为“台湾近代化之父”。

在刘铭传的生涯中，还有一件事值得称道。

却说在常州的一天夜里，刘铭传听到院子里有金属叩击之声，声音不大但极有穿透力。刘铭传顿生好奇之心，当下秉烛寻找，转到屋后马厩，发现是马笼头上的铁环撞击马槽发出的声音。刘铭传蹲下细看，见此马槽硕大，槽壁在烛光中发着深沉的幽光。刘铭传心中有数，此马槽绝非寻常之马槽。次日一早，刘铭传命马夫将马槽刷洗干净，这才发现马槽原来是一个铜盘，上面还有蝌蚪形的文字。后经人鉴定，这个铜盘叫虢季子白盘，是西周时期的宝物。刘铭传告诉家人，妥善保管此物。

新中国建立后，刘铭传后人将该盘上交给国家。现今，人们将虢季子白盘与散氏盘、毛公鼎并称为西周三大青铜器。

北宋的米芾是位著名画家，在朝中也做了个一官半职。他酷爱收集古画，甚至到了不择手段的程度。他在汴梁城闲逛时，只要发现有人在卖古画，总会立即上前细细观赏，有时还会要求卖画者允许把画让他带回去观看，卖画者认得他是朝中的官员，也就放心地把画交给了他。当夜，他便复制一份假画，第二天将假画还去而将真画留下。由于他极善临摹，并且那假画足以乱真，故此得到了不少名人真迹。米芾在江苏涟水做官时，有一次，他遇见一个卖画者，卖的画是唐代画家戴嵩的“牛图”，是件真品，他爱不释手，意欲购买，苦于囊中羞涩，只好将画借回家中临摹。数日后退还“原画”时，却被卖画者发现破绽。卖画者说：“大人且莫玩笑，请将真画还我！”米芾大惊失色，追问原因，那人回答：“小人的画上有个小牧童，那小牧童的眼里有个牛的影子，您的画上没有。”米芾听罢，这才叫苦不迭。一向“稳操胜券”的米芾，“栽”在心细的卖画者手中。

心细的人，好处很多。在处理事情上，心细的人会比别人考虑得多，会注意小细节，而小细节往往是处理好事情的关键；在待人方面，心细的人可以和朋友友好相处；在工作上，心细的人会比别人表现得更出色。

世界超级巨富盖茨和巴菲特是一对为人称道的好朋友，巴菲特曾很多次在公开场合坦露心声：“盖茨是我最好的朋友，因为盖茨对待朋友心细如发、体贴入微。”细心，足以打动朋友的心，赢得真正的友谊。

做一个心细的人吧，去留心生活中点点滴滴的事；做一个心细的人吧，不能让我们的想法如白驹过隙一闪而过；做一个心细的人吧，对生活充满自信、充满希望。

第49节

最大的生意诀窍

——让心态平静下来

生意诀窍有千千万万，最大的诀窍是什么?

在浙江诸暨，有一个特殊的经济发展模式——3.5钱一双的高档袜子，只赚一分钱就买！只赚一分钱，这令不少经商者吃惊不小，很多人更是不敢相信。然而，就是这毫不起眼的一分钱利润，培育出了数不清的百万富翁。原来，在诸暨大唐袜业市场，拥有近2000个摊位。每个摊位每个月要销出70万到80万双袜子，一双袜子赚一分钱，也就有7000元到8000元的利润。一年下来就有将近10万元。

深圳有位从农村来的妇女，起初给人家当保姆，后来在拥挤的街头摆小摊卖胶卷。她认死理，一个胶卷永远只赚一毛钱。市场上的柯达胶卷卖22元时，她只卖15.1元，这事一传十，十传百，生意越做越好。后来，这位妇女的批发量大得惊人。据说在深圳，她的摄影器材店无人不晓。在深圳这块人精成堆的地方，一个农村妇女靠她简单的“只赚一毛钱”的朴实思想独据一方。

浙江义乌市的一家吸管公司是全球最大的吸管生产销售企业。它的产品90%以上用于出口。在全球饮料市场上，有1/4的消费者用的就是这家公司生产的吸管。一根细细的吸管，能赚多少钱?据公司披露：一支吸管平均销售价格为8~8.5厘钱，其中原料成本占50%，劳动力成本占20%，设备折旧等费用占15%多，除去这些，剩下的纯利润只占10%

左右。也就是说，一支吸管的利润仅仅是0.0008～0.00085元。正是这个普通人看不起眼的产品、一般人想象不到的利润，使得这家吸管公司成为了全球最大！如今，这家公司每天有两个集装箱约8吨重的产品运往世界各地。8吨吸管是多少？大约是1500万支。按每支0.0008～0.00085元的利润计算，这家公司每天就能赚得1.2万元以上。这样算起来，一个月的纯利润就有40万元左右。

积跬步，可以至千里；积小流，可以成江海。在当前许多人梦想“一夜暴富”“一口吃成胖子”的生意环境下，这种独辟蹊径、“不嫌小钱”的人，肯定会取得令人惊奇的成绩！因为他们想人之所未想，做人之所未能。说到这，人们就不由地想到，最大的生意诀窍不是坑蒙拐骗，不是循规蹈矩，而是积微成巨。积微成巨，就是通俗讲的“薄利多销”，也就是理论上讲的“以大众利益为本”。德国西门子电器公司的创始人在他的晚年谈到自己的创业史时，曾经说过一句很是耐人寻味的话：“我的一生中，所选择的研究总是以大众利益为前提，但到了最后最大的受益者却总是我自己……”三个事例恰恰验证了西门子创始人的一生经商总结。那些只赚一角钱、一分钱、一厘钱的人，因为利润“薄”得不能再“薄”，所以没有“敌手”，所以所向披靡，这就是“积微成巨”是最大生意诀窍的本质原因。

明白了生意的最大诀窍是什么后，我们的思维就要更加广阔一些，眼睛不要只盯着“暴利”和“热门”。而是将心态平静下来，认真考虑一下产品生产和销售，或许会发现一个新天地，创造出一项新奇迹。

第50节

三　笑

——要拥有和利用这件法宝

小英初中毕业后就步入社会了，先是跟她母亲一块儿卖小吃，然后去做纺织厂女工，小小年纪就经历了人世的艰难。她有个梦想，那就是去友谊商店做一名售货员。要知道，友谊商店是该市最大、也是效益最好的商店，并且她家就在商店附近。

机会终于来了。某年，友谊商店面向社会公开招聘员工，小英听说后立即报了名。她觉得她的梦想马上就要实现了，可是，第一轮面试，她就被淘汰了。原因是小英不擅长社交，面试时笨言拙语，手忙脚乱。为此，小英大哭一场。幸运的是，时间不久，友谊商店第二次招聘员工。小英本想放弃，禁不住一位朋友的劝说，就又报名了。小英的这位朋友参加过各种比赛，还曾经夺得全市演讲比赛第一名，面试经验非常丰富。她悄悄地告诉小英："面试的诀窍就是微笑，同时看着评委的眼睛。不管你的回答和表现有多么糟糕，他们都是不会太多关注这些的！"

小英虽然将信将疑，但还是照办了。当她不知如何回答评委的提问时就微笑，当她没有按照要求流畅地走模特步时也微笑，当她回答问题超出规定时间时仍然微笑。虽然微笑没有让小英学历更高，身段更美，但它使得整个面试过程更加和谐。小英沉浸在一种快乐的感觉中。

"9号！"面试结束后，评委喊出了小英的号码，"请留下来参加第二轮！"

第二轮是总经理面试，微笑又让小英顺利通过了！这时小英感到脸颊有一点点疼，这可能就是微笑的唯一成本吧。

小英如愿成为友谊商店的售货员。此后，她把微笑当作最大的工作诀窍。

有一天，小英在商店里接待了一位青年男子，这男子要了好几把水果刀，反复试着刀锋，最终挑选了一把最锋利的。付过钱后，男子拿刀就走。小英叫住了他，把刀要了回来。一边微笑着，一边找了个纸盒，把刀放进纸盒里，用线捆好后再交给这位男子。“你这是为什么？”男子问。小英笑着答道：“这样就不会误伤人了。”男子轻声说了一句：“其实你不用管那么多，把刀卖出去就行了。”“您说得对，”小英依然笑道，“但是我希望所有的人都不出问题。”

离开商店的青年男子回想着刚才小英的话和她那甜甜的微笑，心里忽然热乎乎的。此时，他觉得这世界并不是他想象的那么冰冷无情，还有人为他着想。虽然微不足道，但已经足够珍贵了。

男青年回到宿舍后，就把刚买的刀扔到了床底下。这天晚上，他又去见那位建筑公司老板，并且在见这位老板时勉强笑了笑。这位老板见状，二话没说，就把5000元钱交给了他。

原来，这位青年男子在这家建筑公司打工，辛辛苦苦干了半年，老板分文未给。此时家里母亲病重，粮食歉收，青年男子几次讨钱未果，便与老板发生争吵。在极度苦恼、万念俱灰的情况下，青年男子想买刀刺杀黑心老板，然后自己逃之夭夭。巧合的是，在商店里遇到善良的售货员小英。她的笑容，好比一束温暖的阳光，让青年男子冰冷的内心温度骤升。如果没有小英的微笑和善意，这名男子或许就要……而那名老板在看到青年男子一反常态对他微笑时，内心突然受到震动，就把工钱付给他了。

世事很复杂，有时却很简单。就是那么一两个微笑，便制造出了如此一些奇效。微笑，让小英如愿以偿，也让青年男子立地成佛。这不由得让我们感叹微笑实在是一个既普通而又不普通的处世法宝。要想拥有和利用这件法宝，就应该做到“三笑”。

一是用心微笑。话说回来，微笑谁不会？哪怕是苦笑、装笑。但人们往往有一点做不到，那就是在应该微笑的时间和地点里去用心微笑，所以在此提醒人们要用心微笑。

二是真诚微笑。当利用这项法宝达到一定火候，当人们的心胸足够宽阔时，那么此时人们的微笑就是发自内心，这时的微笑就是真诚微笑了。

三是开发微笑。自己微笑了，只是成功一半，让别人也跟着微笑起来，那才是十分成功的微笑。

如果想让自己在阳光大道上愉快前进，那么就要去挖掘自己的微笑，并且努力开发别人的微笑。

第 51 节

司机富翁

——成功的两只翅膀

阿成高中毕业后，在家无所事事。他家人七借八凑，买了一辆二手车，让阿成做出租车司机。阿成的妈妈是个非常迷信的人，她在阿成营业前，领着阿成到当地一位算命大仙那里，请他为阿成今后发展指点迷津。

双方见面不到一分钟，大仙就把一面镜子和一支钢笔递到阿成面前，然后一言未发地匆匆离开了。大仙的神速，让阿成妈妈由惊奇到敬佩。她放下 20 元钱，内心忐忑不安地领着阿成回家了。镜子寓意什么？钢笔代表什么？阿成妈妈捉摸不透，但她断定这两件物品里面肯定蕴藏着玄机。

阿成虽然没有考上大学，但他的悟性还是很高的。他思来想去，觉得镜子暗示他在开出租车时，看到乘客的不良举止，要引以为鉴；钢笔暗示他在开出租车时，看到一些好的事物，要虚心学习。阿成把他的理解讲给他妈妈听，他妈妈也觉得有道理，便一再嘱咐阿成一定要牢记算命大师的教导。

正式做起出租车司机后，阿成没有忘记镜子和钢笔的暗示。

以前，阿成衣装不修边幅，举止不讲礼貌，他并没有觉得有什么不好。可是在开出租车后，他看到一些与他有着相同特点的人常常让人心生厌恶；同时，他看到温和有礼而且言行得体的人，常常给人留下良好印象。在强烈感受到这种反差后，阿成便开始注意起自己的言行穿戴了。不到几个月，阿成西装革履，落落大方。看来，镜子和钢笔的暗示开始见效了。

坐阿成出租车的乘客中，不乏一些政府官员、企业精英与社会名流。这些成功人物，因为各种各样的原因，没有乘坐自己的豪华轿车，而是坐进阿成的出租车里。他们的言行与风范，对阿成来说，是既新奇又有趣。因此他一方面专心开车，另一方面认真地“偷听”他们在车中的谈话内容。有时在出租车停下来后，阿成还要做好笔记、书写心得，并且努力效法他们的思考模式和做事方法。这种学习的快感，是他上高中时所不曾拥有过的！这可能是镜子和钢笔的暗示原因吧。

受一些乘客爱学习的影响，阿成也购买了一些理财等方面的书籍，并认真钻研。司机的一个最大优点是，可以利用闲暇的等待时间来阅读这些书籍。如果遇到不懂之处，他便找准机会向乘客请教。阿成的这股认真求知精神，让一些曾经搭过他车的人士赞赏有加，并且乐意竭尽所能为他解开迷津。

开车两年后，阿成积累了一些钱财。有一次，在某高科技股票大量上市之际，他不经意地在车上听到一位投资公司专家与他同伴的一段谈话。投资专家对他的同伴说：“老弟，科技股是未来股市的主流。深电这支股票，一定要买。”阿成坐在前座，越听越兴奋。第二天，他就立即行动，大量买进深电这支高科技股票。半年后，这支股票给阿成数倍的回报。

某个下雨天，两位政府官员搭乘阿成的出租车。他们在车上讨论火车站前广场在下个月如何扩建的问题。阿成想，一旦广场扩建，那么新广场周围的房子必定增值，这是毫无疑问的事情。想到这，阿成便利用几天的时间，进行考察，并耐心谈价，他用投资股票挣来的钱买了一幢楼房。十多天后，火车站前广场果然扩建，就在几十辆推土机开始行动、新广场还未建成之时，阿成新买的楼房就已经升值一倍了！

转眼间，阿成干出租车这个行业已经五年时间了。这五年内，阿成创造出令人称羡的财富。他拿出一部分钱购置了一幢属于自己，还有新婚美貌妻子，以及他母亲的豪华别墅。具有绅士风采的阿成进出这幢别墅时，没有一个陌生人相信他是一位出租车司机。

看到阿成富裕了，迷信思想严重的阿成妈妈提醒阿成，不要忘记算命大师的恩德。一个阳光明媚的日子里，阿成高高兴兴地在逍遥楼摆了一桌好菜，宴请那位大仙。大仙毕竟是大仙，聪明得很，在阿成稍稍提醒下，便记起了五年前阿成与他妈去他那儿算命的情景。

在一番推杯换盏后，大仙有点醉了，不知是大仙“聪明一世糊涂一时”，还是被阿成的辉煌成就和真诚精神所感动，或者应了那句俗语“酒后吐真言”，大仙结结巴巴地对阿成说：“阿成啊，你知道五年前，我为什么匆匆离开，并且留下镜子和钢笔吗？”阿成答：“难道不是您在故意启发我？不是在无意中摆出您的高深莫测的威势？”大仙说：“阿成，完全不是这回事。我和你说实话吧。当时，我闹肚子，急着入厕，所以匆匆离开。给你留下钢笔，是想让你把你的生辰八字写下来。”阿成感到有点惊诧。他不解地问：“那为什么又给我镜子呢？”大仙说：“当时你并不像现在这样注重仪表，我之所以给你镜子，是因为你当时鼻子上有灰，我想提醒一下你，笑话一下你，先给你一个下马威。”闻听此言，阿成咧着大嘴哭笑不得。

引以为鉴、虚心学习，确实是成功的两只翅膀。

唐太宗说：“以铜为镜，可以正衣冠；以史为镜，可以知兴衰；以人为镜，可以明得失。”以人为镜，可以知得失；以己为镜，可以知吉凶。把别人作为镜子，可以看清自己身上的不足与已拥有的品性。小聪明者，大事糊涂；做大事者，不耐烦琐。人生在世，风险如影相随。知己相人，以人为镜，然后发现风险，控制风险，利用风险。人之所至，事无不成。

注意观察那些出类拔萃的人，乃是最佳的学习之道。如果能获得频繁地与杰出人士交往的机会，自己又有心的话，必然能学有所成。长此以往，自己必能学得一如对方的举止言行。注意虚心学习吧，让自己在不知不觉中，提升到与优秀人物相同的层次。

第52节

成为非洲酋长

——生活是一面镜子

2004年9月，山东电建三公司承包了尼日利亚帕帕兰多电站工程后，身为项目部经理的房一波，受命来到了尼日利亚。未过3年，也就是2007年6月，房一波奇迹般地被当地最大民间领袖阿卡姆土王册封为酋长，其酋长封号以及同时给予的500亩土地可世代继承。之后，当地居民会对房一波顶礼膜拜，土王、总统、部长都将视他为朋友……

看到这，人们不免会问：是什么让房一波如此风光？

当有人带着疑问咨询阿卡姆土王时，他说："让房先生做酋长，是因为我的领地上的人民尊敬和热爱他，他不仅给当地带来了光明，而且还给这儿的人们足够的关怀和爱。我让他当酋长，是因为我觉得他和我们是融为一体的。"

话说房一波来到非洲后，经过全体员工接近三年的施工，帕帕兰多电站顺利投产发电，这结束了尼日利亚奥贡州无电站的历史。对于这一中尼两国最大的机电产品合作项目，尼日利亚总统奥巴桑乔称："这是献给尼日利亚人民最好的礼物。"

成果是丰硕的，但过程是艰辛的。

在许多人眼中，非洲是可以取得高回报的地方。不过，高回报也伴着高风险，这包括政治经济环境不够稳定，法律体系尚不完善，风俗习惯差异巨大等。这些因素，使得房一波初到尼日利亚时开展工作不同寻常。

帕帕兰多电站开工前，那儿是一片荒地。本可以无忧无虑地建设，但刚一动工，附近村子的人就聚了过来，将他们堵在简易工棚里，要求给所有村民安排工作。他们用木头将道路封死，不允许在工地上工作的黑人去上班，见人就打。

房一波他们被围困在工棚里出不来，同事们吓坏了。房一波思前想后，还是勇敢地走了出去，和他们交涉，但他们毫不让步。就这样一直僵持了三天，最后吃的没有了，不得已只好求助当地警察局。警察赶来后用警车开路，后勤人员才得以出去购买食品。

“警察不可能总跟着我们，要想在这里立足，唯一能做的就是靠自己。我想只要真诚地对待当地人，把他们当成朋友，他们就一定会接纳。”房一波这样想，也这样做。他独自带着一大袋糖果，提着枪，走进了附近一个陌生的村子。在尼日利亚，人们每天都能听见或看见抢劫杀人的事件，尤其是一些外资公司的人，遭抢劫和绑架更是常事，因此很多在当地工作的外资企业的人，出入时都很小心。房一波独自进村让同事们都捏了一把汗。当时这个村子的人正在做礼拜，他们看见房一波进村后都呆住了。房一波坐在了村中央的空地上，将糖果分给围上来的孩子们。他笑着向大家问好，并跑过去和他们握手。或许被房一波的勇敢精神所打动，当地人慢慢和他亲近起来。

第一次接触，无惊也无险，房一波就放开了。此后，只要没事，他就一个人到各村子里转，目的就是想让当地人知道中国人的友好。一个人记几百个人很难，但几百个人记一个人很容易。房一波很快就和周围的村民熟悉起来。很多人遇到困难，不管认识不认识都会慕名去找他。

电站附近村子有位酋长的儿子，特别爱闹事，工程常常因为他带人来捣乱而停下来。为了公司的生存，房一波认为，必须想方设法和他们融为一体。为此，房一波经常去和他们父子聊天，请他们喝中国茶。慢慢地，他和这家人成了朋友。几天不去，酋长的儿子还会主动到他办公室来找他。他不但不来闹事了，而且再有村民来闹事，他还会主动帮着调解。

按照合同规定，划给电建三公司建设电厂的这块土地完全归公司所有，土地上的一切可由公司自由处理。当时在公司圈起来的土地里，有一块当地农民种的木薯，还没有成熟。为了让木薯原主人多一点收入，房一波他们专门留出了一个通道，安了一个小门以便木薯的原主人自由出入。那些农民先是试探，当发现畅通无阻后，便每天放心地进来打理。出于感动，他们见到中国人就微笑。

人是讲感情的，你对别人好，别人就对你好。当房一波走进村子，孩子们会一窝蜂地跑过来，把他围在中间又蹦又跳，村里的大人们也跑过来握他的手。一次下大雨，公路泥泞不堪，房一波驾驶的吉普车在回来的路上陷进了泥潭。正在他无助之时，附近的村民们很快聚了过来，硬是把他的车从泥潭里抬了出来。此后，只要看到房一波遇到困难，村民们都会不惜一切来帮助他。

几年下来，房一波在当地人中的威望越来越高。是水到渠成，也是众望所归，在这块广袤神秘而又充满蛮荒气息的大地上，这位来自山东的大汉成为第一位中国籍非洲酋长。40 多岁的房一波写下了人生中富有传奇色彩的一笔。这夺目的“一笔”之所以写下，不仅因为房一波是光明的使者，更因为他是友善的伙伴。

美国试飞驾驶员胡佛，有一次飞回洛杉矶，突遇两个引擎同时失灵，幸亏他技术高超，飞机才奇迹般地着陆。胡佛立即检查飞机用油，正如他所预料的，他驾驶的那架螺旋桨飞机，装的却是喷气机用油。当他召来那个负责保养的机械工时，对方已吓得直哭。这时，胡佛并没有像大家预想的那样大发雷霆，而是伸出手臂，抱住机械工的肩膀，友善地说道：“为了证明你能干得好，我想请你明天给我驾驶的飞机进行维护。”从此，胡佛驾驶的飞机再也没有出过差错，那位马马虎虎的机械工也变得兢兢业业、一丝不苟了。

这个故事令人感动，虽然机械工的过失险些使自己丧命，但心地善良的胡佛深深懂得人的微妙心理。当对方因出了严重差错而痛苦不堪时，胡佛善解人意，自我克制，出人意料地给予宽慰，使其恢复自信和自尊。友善，可以使大事化小，小事化了，不仅善待了它人，也能使自己得益。

友善就如同口渴时得到的一杯白开水，如同伤心时听到的安慰。友善能带给别人欢乐，同时自己也会快乐。生活是一面镜子，你善它也善。与人相处，请拥有一颗友善之心。